中国旅游景点欣赏与导游丛书

园林欣赏与导游

潘宝明 王璇璇 编著

旅游教育出版社
·北 京·

丛书策划：陈　霁
责任编辑：兰　琳

图书在版编目（CIP）数据

园林欣赏与导游/潘宝明，王璇璇编著.—北京：旅游教育出版社，2006.11

（中国旅游景点欣赏与导游丛书）

ISBN 7-5637-1414-6

Ⅰ.园…　Ⅱ.①潘…　②王…　Ⅲ.古典园林—园林—艺术—鉴赏—中国　Ⅳ.TU986.62

中国版本图书馆 CIP 数据核字（2006）第 129082 号

中国旅游景点欣赏与导游丛书

园林欣赏与导游

潘宝明　王璇璇　编著

出版单位	旅游教育出版社
地　　址	北京市朝阳区定福庄南里 1 号
邮　　编	100024
发行电话	(010)65778403 65728372 65767462(传真)
本社网址	www.tepcb.com
E-mail	tepfx@163.com
排版单位	首都经济贸易大学出版社激光照排部
印刷单位	中国科学院印刷厂
经销单位	新华书店
开　　本	850×1168　1/32
印　　张	7.5
字　　数	142 千字
版　　次	2006 年 11 月第 1 版
印　　次	2006 年 11 月第 1 次印刷
定　　价	15.00 元

（图书如有装订差错请与发行部联系）

前　言

我国园林历史悠久，风格独特，在世界园林史上享有盛誉，深受海内外人们爱赏。中国人追求与自然的和谐相融，喜欢徜徉在自然山水之中，尽情享受风和日丽的原野风光。自古以来，社会富有阶层，一方面尽可能“行万里路”，游览祖国大好河山；另一方面努力将自然山水或浓缩或复原地搬进城市，搬进私家住宅，形成了中国独特的、能在家中感受大自然气息的各种园林。园林运用工程技术和艺术手法，通过筑山叠石、理水引泉，营造厅堂、栽花植卉，反映主人的追求、园艺家的技艺，形成人工景观和自然风景的和谐。中国园林引起了中外旅游者的极大兴趣，纷纷慕名来访，有的海外人士甚至对其产生崇拜之情，使之飘洋过海，在摩天大楼的夹缝里也有了立锥之地。

我国的园林强调“随势造形”，朝代不同园林风格不同，地域不同园林形式各异，甚至一个地区内流派纷呈。以北京、承德、曲阜为代表的皇家园林气势恢弘，如北京颐和园，承德避暑山庄，曲阜孔府花园都以规模宏大、装饰豪华著称，充满了皇家气派。江南一带则多私家园林，杭州西湖的园林，扬州瘦西湖的园林，苏州拙政园、狮子林，上海豫园，占地不大，园中亭台楼阁，配以山水花木，以素雅精巧、小中见大的风格取胜，体现出浓重的书卷之气。岭南园林虽效法于江南园林、北方园林，却能将精美灵巧与庄重华贵集于一身。广东的四大名园晖园、可园、梁园、余荫山房，福建的鼓浪屿都有着凭海临风，融和中外的特点。"虽由人作，宛自天开"，中国的园林所以能本于自然，高于自然，正是因为中国古典园林审美趣味和艺术风格明显地受到人的风格、人的品格和文化修养的影响。

中西方都将园林看成人间天堂，皇家园林成为权力的象征，私家园林则作为情感的寄托；皇家园林炫耀的方式不同，私家园林则寄托的理想与愿望不同；中国的含蓄审美与西方的直观寄情不同，对自然美和人工美的看法以及表现不同，构建的艺术与审美也不同。中西园林发展史上有过并驾齐驱的历史，更有逐步融合相互借鉴的今日，甚至出现了融会和倒错的现象。我国是乡村城市化、园林建筑化，西方则是城市乡村化、建筑园林化，孰是孰非，历史已经评说。

我们奉献给大家的这本园林欣赏与导游，力求汲取诸说，纠正舛误，为园林的方方面面进行既浅出又深入的介绍和分析，以满足广大导游和中外游客的需要。

在本书编写过程中，扬州大学出版基金为本书的撰写、调查、采访给与了资助，在此深表谢意。此外，张渝光、华国梁、宋雷、王涛、邱征远等为本书提供了精美照片，使本书增色不少，在此表示感谢。

本书参考了传统和现代园林文化的研究成果，可以说没有这些专家的努力就不会有该书的编纂，对于参考的文献已在书后列目，在此深表感谢。

编　者

2006年6月

目　录

第一章 园林史话

一、园林类旅游资源的概念

中国园林艺术历史悠久，民族风格浓郁，有“世界园林之母”之誉。不少学者曾为园林释名争论不休，其实园林无非是运用工程技术和艺术手法，通过筑山叠石、理水引泉、营造厅堂、栽花植卉，反映主人的追求和园艺家的技艺，形成人工景观和自然景观的和谐统一而已。由于中国园林艺术包含着深刻而丰富的美学思想，具有较高的游览和观赏价值，所以引起中外旅游者的极大兴趣，甚至产生对中国园林艺术的崇拜。由于中国园林林立，朝代之间园林风格不同，地域之间园林形式各异，甚至一个地区内流派纷呈，这就使中国传统园林永远成为最有魅力的旅游资源之一。近年来，中国建园成风，传统的、现代的、中式的、西方的，择善而从，为我所用。北京世界公园、无锡三国城、水浒城、深圳民俗村都是较为成功的人工景观，或者说是现代化的园林，引起了中外游客新的兴趣。

二、历史悠久的中国园林

我国园林历史悠久，首先是帝王建造园林。商周时代的“囿”即为帝王园林，巍峨的殿阁、高大的楼台、饲养奇禽怪兽、栽植名贵花木。历代帝王相延成习，公元前 11 世纪的周朝，周文王营建方圆 35 公里的“灵囿”，以珍禽异兽，奇花异草，供王室田猎娱乐；春秋战国，各地诸侯割据称霸，纷纷建宫设囿。以后历代帝王无不惨淡经营，皇家园林豪华气派和雍容大度的规模体制一脉相承。到秦始皇时，建阿房宫、上林苑，宫殿、园池、台榭广延 150 公里；汉武帝扩大充实上林苑，又新建甘泉苑，周围 270 公里。史书记载的规模之宏伟，耗资之巨大可谓石破天惊。

从汉代开始，富商大贾开始兴建私人住宅园林。《西京杂记》中有载，茂陵富人袁广汉在北邙山下筑园，东西 4 里，南北 5 里，地域相当大，“激流水注其内，构石为山”，养“奇禽怪兽”，种“奇树异草”，建“重阁修廊”，开启了私家园林的先河。

魏晋以来，寺院园林建筑在各地大量出现，有的利用自然山水，如东晋名僧慧远在江西庐山北面建“石门精舍”，“洞尽山美，却负香炉之峰，傍带瀑布之壑。仍石叠基，即松栽构，清泉环阶，白云满室”。占尽山水之美。有的在都市中建立寺院，则移山水景观于寺内，如北魏洛阳宝光寺中“有一海，号咸阳，葭菼被岸，菱荷覆水，青松翠竹，罗生其旁”。道教也选择山水佳胜，如江苏茅山的园林“有好流水而多石，小出下便平……开置堂宇”，传教授道与享受佳山秀水两不误了。

南北朝时，造园理论和山水画的紧密结合，使造园艺术的品味提高，此时园林受山水画影响，于是凭借湖岸布置假山、建造厅堂、点缀花木，其初衷是士大夫追求精神解脱，陶醉于山林田园之中，以山居隐逸为高雅。这种以水池为中心的"集景式滨水园林群落"竟成为我国古代园林的传统手法。诗人谢灵运以诗情画意在上虞扩建祖父谢玄别墅，"远堤兼陌，近流开湍。凌皋泛波，水往步还"。意境自然高于匠人一筹。

盛唐开始，买山占水风气愈演愈烈，王公贵戚，达官显宦，富商大贾，逸人隐士都纷纷建立各自的宅第园林，园林艺术也日趋成熟。盛唐山水诗人王维买下宋之问的别墅，增其旧制，其中景观分区：孟城坳、华子冈、文杏馆、斤竹岭、临湖亭、金屑泉、白石滩、辛夷坞，构建了"明月松间照，清泉石上流"的美景。唐宋是造园艺术的成熟期，建筑的样式逐渐定型，立山式、悬山式、庑殿式、卷棚式、歇山式的建筑基本样式皆成定制，追求气势宏伟、装饰豪华。西安现存的建筑尽管经明清修缮，但仍可见唐宋的影子。

到了北宋，李格非《洛阳名园记》就记载了洛阳著名园林20多处。元代画家自建园林又进一步提升了园林的档次，如倪云林家的云林堂、萧闲馆、清宓阁等，为士人津津乐道。

明代造园艺术到了高峰，吴江人计成的《园冶》、文震亨的《长物志》两书对我国造园艺术进行了系统的总结，尤其是《园冶》对园林的相地、立基、屋宇、列架、装拆、栏杆、门窗、墙垣、铺地、掇山、选石、借景有十分独到的系统阐述，被世界上称为"世界造园学最古名著"。明清时期社会经济发展，江南宅第园林盛极一时，尤其是康熙、乾隆六次南巡，富商达官为争宠于王室，大兴造园之风，一时有"江南园林甲天下"之说，南京东园、西园、愚园、随园，苏州留园、拙政园、狮子林、怡园、沧浪亭，上海豫园，太仓南园，无锡寄畅园，绍兴青藤书屋，扬州平山堂、九峰阁、倚虹园、篠园，都占尽江南山水之盛。这些明清时初建或重建的园林各显个性，斗妍争奇，成为我国园林的瑰宝，具有极高的审美价值，成为中外旅游者百看不厌、常看常新的热点景观。

三、世界上最早的造园专著《园冶》

明代吴江造园专家计成在扬州写下了世界上最早的一部造园专著《园冶》，全面总结造园经验，系统论述造园艺术。

（一）造园成就的结晶

计成是造园专家，他多才多艺。首先他是画家，“少以绘名”，“最喜关仝、荆浩笔意，每宗之”。这样他在造园时就不同于一般工匠，而能以书画理论付诸造园之中。其次他是旅行家，“性好搜奇”，“游燕及楚，中岁归吴，择居润州”。使其能搜尽奇峰打草稿，达到“一勺则江湖万里，一石而太华千寻”。再次他是鉴赏家，在《自序》中曾说一事，镇江四面环山，风景优美，当地有人以形态奇巧的石头，点缀竹树之间以作为山，他不以为然，即提出叠石应该借鉴真山形象，使人观之，不以为假。这种对真善美的追求显然是一般匠人无法企及的。最后他是造园家，他最初为常州吴又予造园，“此制不第宜掇石而高，且宜搜土而下，令乔木参差山腰，蟠根嵌石，宛若画意；依水而上，构亭台错落池面，篆壑飞廊，想出意外”。这是随势造型，而又借鉴画理，叠石增丘，开沟理水的名园，所以评价极高。“从进而出，计步四里［百］，自得谓江南之胜，唯吾独收矣”。他还为扬州郑元勋设计影园，曾被明代内阁中书汪士衡请到仪征城西建造寤园，寤园和吴园“并驰南北江”。正是由于他是画家、旅行家、鉴赏家、造园家，所以他的《园冶》能以理论指导实践，以艺术构思指导造园工艺。

《园冶》成书于崇祯四年（公元 1631 年）秋末，是他在仪征建造寤园的空闲时，整理了著作图式和文稿。其时有两个人对《园冶》成书起了关键作用，一是他的朋友曹元甫先生，他来仪征，寤园主人和计成陪他在园中游览两天。曹称赞不已：“以为荆、关之绘也，何能成于笔底？”赞扬寤园如荆浩、关仝的山水画，希望他能以文字著述。而在看到计成的《园冶》草稿之后，其时书名为《园牧》，更为惊叹：“斯千古未闻者，何以云‘牧’？斯乃君之开辟，改之曰‘冶’可矣！”二是与阮大铖有关。阮是曹元甫之友，因曹的介绍，计成与阮大铖相识。阮被朝廷罢官放逐还乡后，从南京去仪征，见到寤园后称其“乐其取佳丘壑，置诸篱落许”。即称赞该园虽在人工篱落之间，却有自然山水意境，于是由爱园而爱《园冶》，爱计成其人，继而出资，给他刊刻印行，得以流传。

该书出版后，当然受到时人重视，安徽歙县人郑元勋为《园冶》题词，预言：“今日之国人，即他日之规矩。”“安知不与《考工记》并为脍炙乎？”将《园冶》与《周礼·考工记》等量齐观，评价的确很高。

（二）造园理论的开拓

计成挟其卓越造园之术奔走四方，自食其力。晚年不甘私其能，而极欲将《园冶》公诸于世，确是胸襟磊落之人。《园冶》共分三卷，一卷兴造论，园说及相地、立基、屋宇、装折；二卷栏杆；三卷门窗、墙顶、铺地、掇山、叠石、借景。可以看出作者既注重整体又不忽略个体；既注重理论阐述又有具体范例举隅；既注重整体设计科学又注意施工易行；既注重体制构架又有细部装饰，从造园的骨骼——叠山，血脉——理水，五官——建筑，毛发——花木，无一不及，高屋建瓴又细致入微。

他抓住造园理论的核心问题，如怎样看待园林美和自然美的关系，源于自然是否要高于自然，刻意求工是否要脱离自然，等等。这方面在计成之前有过石涛的“搜尽奇峰打草稿”，即对天下山川美景择善而从，为我所用；有过李渔真山意境最美说，似乎园林只要原样复原自然即是美的，这种以“真”为美，可以追溯到荀子的“著诚去伪，礼之经也”，庄子的“真者，精诚之至也”。而计成是力排众议，在《园冶》中，他提出了“虽由人作，宛自天开”的造园原则。从园林的扬与抑、藏与露、繁与简、少与多、小与大、虚与实、开与合等多方面对造园理论进行了总结归纳。

真假论。计成十分反对园林对自然的描摹，在《园冶·自序》中他说到“中岁归吴，择居润州”，对于“润之好事者，取石巧者置竹木间为假山，予偶观之，为发一笑”。原因是“世所闻有真斯有假，胡不假真山形，而假迎勾芒者之拳磊乎”？他认为有了自然界真山为原形，才会有园林中的假山，石虽取之自然，决非随意乱堆就有自然之意，一味模仿自然，不过是制作假的模型罢了，只有对真山的形美、质美有了艺术的认识，假真山之形，才能制作出俨然真山的园林假山。他将这种思想表达为“有真为假，做假成真。稍动天机，全叨人力”。这是取自然之性情，得山川之灵趣。

虚实论。实景与虚境，形象与象征，说到底是园林创作中由实到虚，由形到意的艺术升华过程，意境创造过程。计成在《园冶·立基》篇中简约地提到“凡园圃立基，定厅堂为主”，要有乔木，须筑垣，建馆舍，构亭台，开土堆山，沿池驳岸，这都是具体实在的，但他接着由实景生发虚幻遐想：“曲曲一湾柳月，濯魂清波；遥遥十里荷风，递香幽室。编篱种菊，因之陶令当年；锄岭栽梅，可并庾公故迹。寻幽移竹，对景莳花；桃李不言，似通津信；池塘倒影，拟入鲛宫。”这真是一篇绝妙的园赋，作者由实及虚，从有限的景观中，驰骋想象，想到陶渊明、庾将军，想到龙宫中的鲛人垂泪，想到桃李芳菲中舞女翩跹，这种诗情画意从另一角度证明了园林虚实结合，境意结合，情思、理趣结合的妙处。

春秋论。古人有“爽借清风明借月，动观流水静观山”之说，即建造园林时不仅要取法自然，更要利用自然。计成在《园冶·屋宇》中特别强调“时景”，这不同于普通家居“循次第而造”，而是“惟园林书屋，一室半室，按时景为精”。即不变的空间，但景色却要随时变化，“奇亭巧榭，构分红紫之丛；层阁重楼，回出云霄之上；隐现无穷之心，招摇不尽之春。槛外行云，镜中流水，洗山色之不去，送鹤声之自来。境仿瀛壶，天然图画，意尽林泉之癖，乐余园圃之间”。指出了艺术园林应该巧妙利用自然中变化的日月风雨，春夏秋冬，早晚晨昏，使园林发挥多维空间的艺术境域，由第一性的真实的美景结合光影色彩的瞬息万变，形成第二性的如诗如画的变化美，这确实是不能不令人叹服的园林意境开放性的精辟论述。

实借论。“夫借景，园林之最要者也”。“巧于因借”，即不仅要通过叠山理水，创造实景，更要考虑周围，借用他景。这一理论通过两方面表现，一是努力利用自然，提出“地偏为胜”，这些地方“园虽别内外，得景则无拘远近，晴峦耸秀，绀宇凌空”。显然他认识到在远离城市的地旷人少之地，有未被破坏的山水，若恰当利用，稍加点缀就可成为好园林，当是事半功倍。二是创造人化的自然，因为远郊偏僻也并非城市人的需求，园林多在地少人稠的城市腹地建造，所以他认为“足征市隐犹胜巢居，能为闹市寻幽，胡舍近方图远？得闲即诣，随兴携游”，那也是一种乐趣，因而他在“巧于因借”后特地续上“精在体宜”，即对园内的景充分利用，“随基势高下，体形之端正，碍木删桠，泉流石注，互相借资；宜亭斯亭，宜榭斯榭，不妨偏径，顿置婉转，斯谓‘精而合宜’者也”。只要善于扬长避短，“俗则屏之，嘉则收之，不分町畽，尽为烟景”，斯所谓‘巧而得体’者也”。这种闹中得闲得幽的思想显然成为闹市中江南园林创作的理论。而他提出的借景之法——“远借、邻借、仰借、俯借、应时而借”已成为造园者的圭臬。

《园冶》不仅进行理论概括，而且注意实践记述，能从小处入手对造园的每一细节进行详细枚举，比如掇山篇中将假山分为园山、厅山、楼山、阁山、书房山、池山、内室山、峭壁山、山石池、金鱼缸、峰、峦、岩、洞、涧、曲水、瀑布。铺地篇即按材料分为乱石路、鹅子地、冰裂地、渚砖地，又按形式分为人字、席纹、间方、斗级、六方、攒六方、套六方、长八方、八方、海棠、四方间十字、香草边、球门波纹等十五式，详尽细致，独到之处都是他甘苦之言，得失总结。这些造园之法不仅有借鉴作用，有些简直可以直接搬来，为我所用。实际上，江南造园家在复建和新建园林时无不从中汲取丰富营养。

可贵者，《园冶》决非对匠人实践进行平镜式的复制，被动式的反映、接受，而是紧紧依靠人的主观能动性进行审美发现与创造，达到以主体为中心的主客体趋同。以“掇山”为例。计成提出：“信足疑无别境，举头自有深情。蹊径盘且长，峰峦秀而古，多方景胜，咫尺山林，妙在得乎一人，雅从兼于半士。”这里提出掇山不在于蹊径的盘长，峰峦的秀古，而是在于“一人”，即园林设计者的艺术修养，兼有“半士”，即园主的喜好和素养。这使我们想起谢灵运提出的“夫衣食，人生之所资；山水，性分之所适”（《游名山志》），计成正是抓住人与山水本体的相通，突出人的主观感悟和主体情性。这首先需要设计者能善于揣摩赏园者的喜好，但又不能为其牵着鼻子走，当以设计者为“一”，而以赏玩者为“半”，将设计者对自然和社会的理解，审美情趣凝聚于园林，而使游园者产生共鸣，才能实现“登山则情满于山，观海则意溢于海”（刘勰《文心雕龙》）。

（三）造园艺术的升华

更可贵者，他既以实践，又依儒、道、释的传统哲理，总结归纳造园法则，将匠人支离破碎的经验上升到全新的理念高度。比如“构园无格”说，即“地与人俱有异宜”，园林建造应因地因人而异；“巧于因借，精在体宜”说，即既因地制宜，充分表现园林自身之美，又巧妙借景，为我所用，以有限包容无限；“相地合宜”说，即山林、江湖、郊野、村庄不同环境都可以造园，关键是创造不同风格和特点，因地成形；“景到随机”说，即造景必须按照自然条件，随意但必须有机地进行修整改造而成为有审美价值的景观；“往复无尽”说，即景观贵连而非贵断，“砖墙留夹，可通不断之房廊”，“夹巷借天，浮廊可度”才能构园得体。“基立无凭”，“先乎取景”说，即“内构斋馆房屋，借外景自然幽雅”，注意后建的厅房一定要巧妙利用周围原有的树木，使建筑融合于景境之中。

他批判“世之兴造，专立鸠匠”的以工匠为主的错误观点，提出“三分匠七分主人”之说，即一是造园者必须走进园主的生活圈子，懂得园主人雅好，造出和他心境一致的客观物境。二是主持人不能无原则地迁就园主的客观意图，要按自己的理论构思园林，主持人和园主地位虽有别，但审美观是可以契合的，这种契合就可以造出高品位的园林，这里契合最重要的是“情”。《园冶》中多次提及“物情所逗，目寄心期”，“因借无由，触情俱是”，“兴适清偏，怡情丘壑”。尤其在“借景”一节中，他以春夏秋冬四时景致为题，列举灌园叟、陶弘景、潘岳、屈原、陶渊明、杜甫、李白、苏轼诸多诗人，他们虽同样寄情山水，同属高士名流，但因情感不同而眼中景物自然各异，纵情任性才能创造出千古绝唱，这天然之趣与人之情感相融相合的意境，正是中国文艺美学最高审美评价的体现。

但是《园冶》并未停留在对文学意境的欣赏和概叹，而是考虑文学意境如何在园林意境上的表现。因为文人的游记散文是在现成的山水园林前被动由“境”生“意”，是由具体到抽象、由现实到浪漫的过程。《园冶》提出必须以自己的“情”去造“境”，目的是让游园者能由园“境”而生情“意”，即由抽象到具体，再由具体到抽象。可以说他的创作过程中，将意境释化为形、神、情，他强调掇山要“未山先麓”，“寸石山情”，即不是机械地模仿自然，被动地顺应自然，而是记录自然美好之“形”，表现自然气势的“神”，寄寓园主的“情”，“虽由人作，宛如天开”。综观他的理论及其实践，为了实现这形、神、情，再现自然山水之美，就必须避免全盘托出、一览无味；人工斧凿的山石水池，要做到“巧夺天工”；“窗牖无拘，随宜合用；栏杆信画，因境而成”。建筑物的位置要与周围山水环境和谐融合，避免画蛇添足，夸奇斗胜；“临溪越池，虚阁堪支；夹巷借天，浮廊可度”。画面安排，要突出重点，避免独花无叶，喧宾夺主；景色的组织，要有统一的连续性，避免杂乱无章，断径绝路。这种意境创造的可贵在于，首先是将真实的自然缩龙成寸，提炼概括，再揣摩园主的喜好爱憎，结合自己审美情趣创作出人化的自然，再扩展为能让所有游客都能欣赏的人化自然，使人们感受到全身心的愉悦。也是审美主体有意识地自我表现和自我欣赏，也是传统的“天人合一”认知体系的具现。

园林形象是一个物质的境域，它的艺术感染力能综合作用于游赏者的眼、耳、鼻、舌、身的全部感官。计成是深知其中三昧的，他将这种感觉提炼为“秀色堪餐”，并具体化为：春日，“闲居曾赋，芳草应怜”，“顿开尘外想，拟入画中行”；夏日，“风生林樾，境入羲皇”，“行云故落凭栏”，“爽气觉来欹枕”；秋日，“搔首青天”，“举杯明月”，“湖平无际之浮光”，“山媚可餐之秀色”；冬日，“书窗梦醒，孤影遥吟”，“冷韵堪赓，清名可并”。可见，这一理论表现了他在园林建造中充分注意调动游园者的主观能动性，使不变的“境”能调动人们四时变化的“意”，从园林艺术产生丰富的艺术联想，引起多方面的审美愉悦。这种天人合一不同于英国纯自然的草地牧场式的风景园，也有别于日本抽象自然的枯山水园，而是对自然浓缩提炼后融合主观精神的意境的伟大创造。是化实景为虚境，创形象为象征，即依据传统文化的积淀体现于园林中的情理结构，与当时乃至今日国人的心理结构有相呼应的同构关系和影响。如艾之增先生对《园冶》有精辟的评价，“包含面广，探索度深，观察独特，信息量大”，“读之可驰骋想象，缠绵情思，飞花流水，漫无边际，仿佛在做一场心神的游戏娱乐。”

四、中国园林的文化传统

（一）崇尚自然

计成《园冶》中“虽由人作，宛自天开”的理论一直作为后来建园者的圭臬。中国园林中的精品无不是构园者通过遍游名山大川后，“搜尽奇峰打草稿”，缩龙成寸以后的再生。而崇尚自然并不是对山水的原封不动地照搬照抄，而是提炼概括，加入源远流长的文化因素和造园者自己的主观感情。这就是“外师造化，中得心源”，是宋人所说“迹近自然”。观赏者，尤其是大城市的游客，在长期的钢筋混凝土的森林中穿梭厌烦后，无不向往大自然，希望在自然山水中变换生活节律，获得身心的放松和愉悦。

我国古典园林属于写情自然山水型，即以客观存在为蓝本，经过艺术的加工提炼，按照特定的艺术构想“移天缩地”，在有限的范围内，将水光山色、四时景象、贵贱僧俗等荟萃一处，“纳千顷之汪洋，收四时之烂漫”，以借景生情，托景言志，以情取景，情景交融，使人足不出户而领略多种风情，于潜移默化中受到大自然的陶冶和艺术的熏陶。

造园追求“三境”，生境——良好的生活环境；画境——景观如画，园林如诗如画，使人感到高雅、乐趣；意境——园林客观的境，与主人主观的意相合，成为园主和造园者情感和理想的表露，蕴含着个性风格特点。

（二）“忧患”传统

儒家人生哲学认为，人生是艰难的，社会是复杂的，“穷则独善其身，达则兼济天下”，应以历代先贤、志士仁人为榜样，始终保持忧患意识，用坚忍不拔的毅力，锲而不舍的精神去积极进取。如苏州顾炎武故居、五人墓碑园、天平山等园林，都表现出浓厚的忧患意识。

（三）“比德”现象

古代汉民族的类比思维，常见的主要在“天象”、“地法”、“人事”之间的类比，在该种思维中，有一种叫做“观物比德”，在上古运用十分普遍，《论语·庸也》中有云，“子曰：知者乐山，仁者乐水。知者动，仁者静。知者乐，仁者寿”。可知“水”是类比智者，“动”、“乐”之德的。比如开封的龙亭原来是宋代皇宫御苑的一部分。南边的潘杨湖，面积有25公顷。东边是潘家湖，湖水浑浊。西边是杨家湖，湖水清澈。相传东边是宋初奸臣潘仁美的住宅，西边是忠臣杨业的住宅，一忠一奸，所以湖水清浊分明。这当然只是传说。其实这里原是宋金故宫，明周王府旧址，明末水淹，这里地势低洼，积水成湖，西湖水流畅通，所以清，东湖水源不足，排水不畅，所以浑浊。

（四）重文传统

中国古典园林或文人所建，或主人延请文人为其增色，通过欣赏中创造的“文化”，诗词歌赋，书法绘画，楹联匾额，给园林山水增辉，而他们的文艺作品也与天地同寿。这是中国文人希望通过诗文书画展示自己的才华，抒发自己的情感，这情感既有积极入世，更多的是消极遁世，抒发名士的牢骚。这既是对黑暗现实的抗议，也是与“秋风催老梨花落”的无情的时光抗衡。

（五）尚古传统

珍惜自己民族的历史，珍爱先辈留下的遗迹，中华民族从古至今都重视传统文化的保护和传习。历代造园者总是尚古的，清袁枚建造随园时并非凭空建造新园，而是买的康熙年间江宁织造隋赫德的旧园，原因是尚古，一尚古园之古树，他说“名园易得，古木难求”，看中的是园中古木森森；二尚古名，“随园”本“隋园”，是隋赫德的姓，他不改音，却巧借意说，“随其高为置江楼，随其下为置溪亭，随其夹涧为之桥，随其湍流为之舟，随其地之隆中而欹侧也为缀峰岫，随其蓊郁而旷也为设宧窔，或扶而起之，或挤而止之，皆随其半杀繁瘠，就势取景，而莫之夭阏者，故名曰‘随园’”；三尚环境，随园地处小仓山，地势很好，当时金陵之胜，南有雨花，西南有莫愁湖，北有锺山，东有冶城，东北有孝陵、鸡鸣寺，只要登上小仓山，诸景隆然上浮，尽收眼底。袁枚尚环境，实际是崇尚最初造园之人的眼光。

今人尚古，一是表现在对历史上的园林趋之若鹜，希望了解景观的来龙去脉，追根索源，而当地的旅游工作者总是自豪地，津津乐道，如数家珍般向游人介绍古代的一草一木，一房一石；二是表现在对现存的古典园林，责成政府部门保护，对战乱毁灭的历史园林要求原样恢复，如北京圆明园的恢复、故宫及御花园的大修；三是即使旅游开发中的仿古街、仿古城、仿古园、仿古楼及至仿古旅游，尽量是将历史记载的园林具体化，使虚变实，使今若古，但群众仍愿意去观赏，折射出旅游者的尚古情节；四是对于古园林周围砌高楼，修索道，一片反对之声都是尚古意识的反映。

第二章

中国古典园林的地域风格

一、中国古典园林的分类

我国园林主要分布于三类地区。一是历代都城及其附近，如北京承德曲阜，是帝王后妃、皇亲国戚、达官显贵、巨商大贾、文人名士所造；二是经济文化发达地区和大都会附近，如江浙沪地区，是富商官僚活动场所，是官运亨通的文人墨客乡里，也是其宦海沉浮后弃仕归隐、欢娱晚年之所；三是沿海地区，如广东福建，多为侨乡，是华侨出资兴建，成为衣锦还乡、荣宗耀祖之所。

园林按性质分类：

皇家园林，名称上为苑、园、城、山庄，适应帝王理政、起居、祭祀、享乐之用，有高、大、深、庄的特点。

私家园林，地处城市，营造精心，艺术水平高，为主人起居建筑的附属部分，供休闲、娱乐、接客、读书之用。

宗教园林，附属于宗教建筑、祭祀场所。

陵寝园林，静穆优美，有肃穆、庄严、神秘的色彩。

依地域艺术风格分类：

北方园林，规模宏大，金碧辉煌，模拟江南园林。

江南园林，规模小，玲珑纤巧，轻盈秀丽，清雅平淡，韵味隽永，富有田园情趣。它们是我国园林的代表，成为后人效法的范例，其影响渗透到各种类型、各种流派的园林之中。

岭南园林，师法北方园林和江南园林，近代受国外构园风格的影响，具有热带自然景观特征，建筑物洗练简洁，轻盈秀雅，凭海临风，内外呼应，广州、潮州、番禺、佛山、顺德、东莞均有名园。

少数民族园林，如拉萨的罗布林卡，有地方色彩和宗教气氛。

二、气势恢弘的北方皇家园林

皇家园林主要是辽、宋、元、明、清各代在北京地区建造的。其中又以明清两代的建筑为多，如紫禁城的御花园、慈宁宫花园、建福宫花园、宁寿宫花园，紫禁城旁的景山、西苑（三海），京城郊区的颐和园、圆明园遗址，离京城较远的离宫承德避暑山庄。

皇家园林是帝王理政、祭祀所在，规模宏大，装饰豪华。有“高、大、深、庄”四大特点，范围大，强调对称，景色兼收并蓄，极尽富丽堂皇，奢侈豪华，金勾彩绘，雕镂细腻，琳琅满目，金碧辉煌。以颐和园为例，1998 年根据文化遗产遴选标准列入《世界遗产名录》，世界遗产委员会评价其为：“北京颐和园，始建于 1750 年，1860 年在战火中严重损毁，1886 年在原址上重新进行了修缮。其亭台、长廊、殿堂、庙宇和小桥等人工景观与自然山峦和开阔的湖面相互和谐、艺术地融为一体，堪称中国风景园林设计中的杰作。”

乾隆曾在《静明园记》中写道：“若夫崇山峻岭，水态林姿，鹤鹿之游、鸢鱼之乐。加之岩斋溪阁，芳草古木。物有天然之趣，人忘尘世之怀。较之汉唐离宫别苑，有过之而无不及也。”比如避暑山庄占地564公顷，不仅广阔，而且注意不同地形地貌相配。山区、平原区和湖区经叠石增丘，筑殿建室后，竟然再现北国山丘、塞外草原、江南水乡之景。该园以山峰为主，占五分之四，平原、水域为五分之一。平原部分有永佑寺塔、文津阁藏书楼、试马埭、万树园，极力表现蒙古草原的景色；山区以青山、翠谷、繁花、奇石装点，骑涧跨谷，争奇斗险；湖区三堤七岛，把29公顷的水面隔成6个湖面，使深远和窈窕兼而有之。

北方的避暑山庄因为是帝王所经营的，故气象博大，大有“移天缩地入君怀”的味道。清代两个最爱旅游的皇帝——康熙和乾隆在巡幸江南期间，每遇称心的风景便命宫廷画师摹写收藏，为后来营造避暑山庄做准备，《园冶》上说：“园地唯山林最胜。有高有凹，有曲有深，有峻而悬，有平而坦，自成

承德避暑山庄（图片提供：王婧）

天然之趣，不烦人事之工。”康、乾二帝深谙造园之道，最先是康熙找到了承德避暑山庄这块地方，这里有高山、草原、河流、湖泊等各种地形地貌。整个地区西北高，东南低，高山地带雄踞山庄西部，具有蒙古风味的草原地带处山庄北部，湖泊区则集中在东南，又具有湖光潋滟的锦绣江南韵味，这种自然的格局恰好似我国版图的示意图，具有极大的概括性。

在避暑山庄周围，环列于东部和北部山坡台上有八座寺庙，它们是溥仁寺、普乐寺、安远庙、普宁寺、须弥福寿之庙、普陀宗乘之庙、殊像寺和溥善寺。当时造庙是为了尊重各少数民族上层人物的宗教信仰，通过建寺以密切他们和清王朝的联系，于是在建筑风格上融合汉藏建筑的特点，成为各民族文化交流的实证。这些仿蒙藏地区的著名庙宇，环绕山庄周围，如众星捧月，成为山庄背景，由此再拓展到周围的崇山峻岭，构成约 20 平方公里的山水园林与庙宇寺观交织的壮丽景观，园林之美与环境之美浑然一体，雄浑磅礴，自然天成，层次清晰，野趣横生，被誉为东方第一大名苑。

1994 年根据文化遗产遴选标准列入《世界遗产名录》，世界遗产委员会对其评价为：“承德避暑山庄是清王朝的夏季行宫，位于河北省境内，修建于公元 1703 年到 1792 年。它是由众多的宫殿以及其他用于处理政务、举行仪式的建筑构成的一个庞大的建筑群。建筑风格各异的庙宇和皇家园林同周围的湖泊、牧场、森林巧妙地融为一体。避暑山庄不仅具有极高的美学研究价值，而且还保留着中国封建社会发展末期罕见的历史遗迹。”

三、玲珑秀美的江南私家园林

江南园林主要集中在江苏、浙江一带，尤以杭州、扬州、苏州为多，无锡、宜兴、吴县、常熟、南通、上海、海宁、宁波、绍兴也有私家园林。它们多建于城市之中，往往范围小，体量小，但主题突出，园中亭台楼阁，配以山水花木，素雅精巧，小中见大，轻巧通透，开敞深邃，色调淡雅，充满书卷之气，这种园林很值得细细品味。地域上，其不同于燕赵的慷慨、楚汉的雄风，而是充满吴越的灵秀；性质上既不同于帝族王侯，擅山海之富，居山林之饶，崇门丰室，洞户连室，飞馆生风，重楼起雾的皇家气，也不同于富商繁琐庸俗、附庸风雅、叠床架屋的楼阁，而是理水、叠山、造屋、栽花自然流露出一种诗情画意。一曲曲的花径，一道道的走廊，一条条的桥梁，一堆堆的假山，一片片的池塘，一重重的花墙，一丛丛的花草，一株株的树木，一座座的厅堂楼阁，一处处的亭台轩榭，做到了"这园子却是像画儿一般，山石树林，楼阁房屋，远近疏密，也不多也不少，恰恰的就是这样"(曹雪芹《红楼梦》)。

可贵者追求各自的个性，徽派、苏派、浙派园林风格都不尽相同。"苏州园林如宋词，纤巧精致；扬州园林像唐诗，清秀富丽；颐和园则像是汉赋，恢弘广博"。这些都可作为江南园林书卷气的佐证。这种个性渗透到园林的方方面面，仅以布置为例，皇家园林、官邸园林、富商园林总是使用对联、匾额、书画等形式，但在内容上、风格上都有明显的区别。北京故宫等皇家园林总是夸耀安邦定国、文治武功的政绩；佛道圣地常常以参禅悟道、出世归隐劝诫世人；富商园林尽管附庸风雅，但总掩饰不住踌躇满志的得意和一本万利的希求。江南园林总是以聚友赏景、谈书论画为题，追求的是吟风弄月的氛围，表现的是淡泊明志、宁静致远的意趣。如“水榭朝曦花带露，山房晚照柳生烟”（西园曲水）；“碧瓦朱甍照城郭，浅黄轻绿映楼台”（熙春台）；“朝宜调琴，暮宜鼓瑟，旧雨适至，今雨初来”（个园）；“月作主人梅作客，花为四壁船为家”（何园）。这里的对联几乎不带功利性，而是寻求返璞归真，尽情领略书卷氛围中的逸趣。不仅仅如此，更重要的在于园林的布局，山石的堆叠，建筑的构造，花木的配置都体现了文人雅士的习好意趣。

个园（图片提供：杨玉臻）

苏州园林中的拙政园、留园、网师园和环秀山庄，于1997年根据文化遗产遴选标准列入《世界遗产名录》，2000年沧浪亭、狮子林、艺圃、退思园等也扩展进入《世界遗产名录》。世界遗产委员会对苏州园林评价为："没有哪些园林比历史名城苏州的园林更能体现出中国古典园林设计的理想品质，咫尺之内再造乾坤。苏州园林被公认是实现这一设计思想的典范。这些建造于11世纪~19世纪的园林，以其精雕细琢的设计，折射出中国文化中取法自然而又超越自然的深邃意境。"

四、凭海临风的岭南园林

岭南园林的特点是：它们虽效法于江南园林和北方园林，却能将精美灵巧和庄重集于一身，园林以山石池塘衬托，更结合南国植物配置，并以自身建筑的简洁、轻盈布置其间，形成岭南庭园的畅朗、玲珑、典雅的独特风格。

广东代表性的清代四大名园是顺德清晖园、东莞可园、佛山梁园、番禺余荫山房。余荫山房建于清同治三年（公元1864年），东与瑜园紧邻，西与潜居、善言两祖祠紧贴相通。园内主体建筑四座，楼台馆舍与池苑相配合，小巧玲珑，含蓄幽邃，池北深柳堂绿树环抱，池南临池别馆，木刻石雕、玻璃瓷片装饰玲珑精致，四周八角池、玲珑水榭、花径、假山与绿荫如盖的高树，馥郁婀娜的鲜花穿插配置，虚实呼应，起伏曲折，回环幽深，隐小若大，真正是"余地三弓红雨足，荫天一角绿云深"。在岭南园林中，由于气候炎热，水面较多，因此创造了一些以水景为主的"水庭"形式，位于水畔或完全跨入水中，建有"水厅"、"船厅"之类的临水建筑。平面布局与立面造型都力求轻快、通透，与水面贴近，如清晖园的澄漪亭小榭、可园的观鱼水榭、余荫山房的玲珑水榭等。

福建的住宅园林也是享有盛誉的，鼓浪屿这个仅 1.78 平方公里的小岛历来闻名遐迩。它不仅因海岸曲折，山峦起伏，叶绿花红，如大海中一颗翡翠，更因其钟灵毓秀之地孕育了国家栋梁之才，引动多少名人雅士云集。他们依凭着日光岩的山石，沐浴着鹭海岭的风浪，生长于斯，客居于斯，于是以才华和灵感设计出一幢幢极有个性的别墅。弘一法师的了闲别墅，林鹤年的怡园，黄奕住的花园，以及汇丰公馆，延平戏院，亦足山庄，悬崖公馆，美华学校，一幢幢随势造型的奇巧建筑，正如琴岛上一个个音符，弹奏出海上花园和谐美妙的乐章。

走进鼓浪屿的领事馆区，这里坐落着英国、美国、日本、荷兰领事馆的建筑，使人想起近代史的屈辱，西方列强抢滩占地；随心所欲地修建公馆、别墅、教堂、商行，不过正是在他们互相的争胜中，吹来欧洲建筑之风，使这里的建筑不仅整体带有浓重的欧美风格，而且柱廊、窗框、檐口、基座的线条处理和细部装饰也留下欧洲古典建筑样式，徜徉其间，不出国门便可领略欧洲建筑风光，这大概是殖民者始料未及的。

至于大部分华侨的建筑则都以中西合璧的特点在鼓浪屿建筑群中独树一帜，其中面积最大，位置最显的是八角楼。这是台湾省林鹤寿所建，美国郁约翰设计，在中国古典建筑风格中又糅合了巴勒斯坦、希腊、意大利风格。笔架山麓，八角楼十分显眼，圆顶是八面棱柱体，洁白如雪，巴勒斯坦清真寺的屋顶，希腊神庙的立柱，尤其是窗呈四面八方十二向，置于乳白色八边形的八角平台上。庭院布置采取中式园林，直线曲线错综，方形球形结合，洁白朱红配置和谐，宏伟而流畅，自然而大方，成为鼓浪屿标志性建筑。

来到住宅区，一座座楼阁几乎都和主人性格相映。秋瑾故居，三层红砖西式公寓楼，拱券宽廊，花岗石压条，琉璃瓶件装饰，气宇轩昂，难怪它能孕育出“不惜千金买宝刀”的豪情。林巧稚故居，小八角楼，欧式建筑，拱券大小相同，檐线腰线均匀整齐，门楣上白鹤飞翔，周围花卉缠枝，宁静幽雅，似乎专为“不为良相，当为良医”的林大夫设置。林语堂故居两层别墅住宅，拱券宽廊，百叶门窗，线条堆叠的方柱柱头由玻璃镂空花格装饰，尤其是门楣上“立人斋”的匾额，使人窥探文学家复杂的内心。马约翰故居，朴朴实实的两层西式洋楼，开阔、简洁，线条流畅，充满了活力，这位体育教授正是在此奋力冲刺。有人说这些房屋与主人性格暗合，也有人说是这些房屋造就了人物性格。

登上了日光岩，举目四顾，鼓浪屿真美。周边碧蓝碧蓝的海水，通岛绿树环抱，名副其实是海中一颗翡翠，绿荫丛中无一幢高大建筑，只有一幢幢小巧玲珑，各具神态的别墅，既不拥塞也不巍峨，与小岛的天然灵秀相映成趣。

第三章

中国园林的空间布局

一、园林与风水

“风水”始见《葬书》,“气乘风则散,界水止,古人聚之使不散,行之使有止,故谓之风水”。原始社会称风水为青乌术,因青乌子是风水大师。古时“风”与“凤”二字同音同形,凤是鸟,是原始部落的崇拜物,象征灵魂及其再生,而灵魂不同于有形身躯,像气,无形无色。“青乌”代表天文,“凤鸟”代表地理。园林建设时重风水,源于原始部落讲风水,聚落选地须看风水,大概注重几个方面,一是近水,二是房屋朝阳,三是阳宅在山之阳,阴宅在山之阴。剔除其迷信成分,这些特征是后世风水的基本模式,分明是创造人居的最佳环境。

商周时人们用龟板牛胛卜凶吉,其后发展为用蓍草占凶吉,除迷信成分外,还强调实地考察,含有一定的科学见解。秦汉时期以阴阳五行的相生相克支撑风水理论,以阴阳的相互对立,又相互依存、相互转化说明事物间的相互联系。还有以观察天地阴阳五行为主的“堪舆金匮”说,以观察自然地形、建筑、人物为主的“宫室地形”说。魏晋是风水学体系的初步建立，唐宋是风水学的成熟期，有人说山水诗就是一部微型的风水著作。佛道盛行，其教义又与风水合拍，而高僧道士本身就是风水大师。

剔除风水学中消极的迷信成分，其中的环境观有一定的科学道理，一是风水强调“气”，这是风水的思想核心，它认为大地如人体，是充满生气的有机体，强调相互的联系与协调，任何一种环境都强调阴阳和合之气。风水就是以阴阳为前提，以气为指导思想而展开。二是风水强调“藏风”，保持生气旺盛的方法之一就是藏风。这实际上是为了顺应自然环境，是颇有道理的，我国大多数地方属北温带，常年盛行偏南风和偏北风，前者柔和，后者恶劣，需要抵挡。这就是人们倾向选择北、西、东有山，南面略微敞开的地理环境作为居住地的原因。三是“得水”，水有生气，水是流动的，“得水”之法，要求弯曲环抱，忌讳直来直去，要求水质要好，要求婉转缓流之水。中国古典园林的环境营造中多遵循这些法则，凡成功的园林首先是注重选“穴”——风水中最佳居住地点，以此为中心，背山临流，使周围山水内倾护卫，屈曲环抱，萦绕回返，最后缓缓离去，产生“步移景异”的园林效果。

二、园林空间组合的先抑后扬

两千多年前，老子就说过：“埏植以为器，当其无，有器之用；凿户牖以为室，当其无，有室之用。故有之以为利，无之以为用。”这是说罐子和房子真正有用的不是罐壁墙壁，而是里边的“无”，即空间。广而言之，园林艺术的真正价值在于园林空间。在中国古典园林建造中，十分注意空间的处理如大小、开合、高低、明暗的变化。一般在进入一个较大的景区前，常有曲折、狭窄、幽暗的小空间作为过渡，以收敛人们的视觉和尺度感，然后转到较大的空间，取得“豁然开朗”的效果。这是“先藏后露”、“先抑后扬”、“山重水复”、“柳暗花明”的“抑景”手法。扬州个园、何园，苏州拙政园，无锡寄畅园无不注意这一构园方法。

以拙政园为例，此处原为一片积水弥漫的洼地，园林强调“随势造型”，于是利用洼沼积水，浚沼成池，环以林木，建成以水为主的风景园。但不是一览无余，而是以松冈、山岛、竹坞、曲水的变化，以桥梁曲廊的连接，使拙政园形成东、中、西三部分，各具个性特色，又巧妙连为一体。

从“通幽”、“入胜”腰门进入东园，此处称为“归园田居”，以田园风光为主，中间石峰“缀云峰”，如巨大屏风，挡住游人视线，形成开门见山的奇效，又巧妙“障景”，引人入胜。绕过此山有山岛、荷池、松冈、竹坞配景，主景“秫香馆”，从“楼可四望，每当春夏之交，家田种秫，皆在望中”取意，营造出“避世淡泊”的主题，与“拙政园”——“筑室种树，灌园鬻蔬，拙者之为政也”的意思吻合。

如果说东园是序幕，中园则为高潮。中园称为“复园”，以池岛假山取胜，是拙政园精华所在。它和东部以一道复廊隔开，打开复廊大门，站在倚虹轩旁极目远眺，只见池面宽广，景色秀丽，亭台楼阁，小桥流水，古树名木，尤其是巧借园外巍巍的北寺塔，更显得境界高远，庭院深深。这里以“远香堂”为主要建筑，以它为主，或远或近，或高或低，或大或小的厅堂馆轩疏密有致，错落有度，每一个厅堂都是景点的组成部分，都是极佳的观景点。尽管中部很大，但注意层次变化，第一景

拙政园见山楼(图片提供:周广海)

区以池岛假山为主,第二景区以荷花池水为主,第三景区以枇杷环绕的庭院为主,如果说将三景比作三个乐章,那就是"高山之巅"、"沧海之滨"、"天伦之乐",真是春秋多佳日,山水有清音。

西部"补园"是尾声,主体建筑为三十六鸳鸯馆,十八曼陀罗花馆,鸳鸯象征人间美满姻缘,曼陀罗花则是佛教西方极乐世界中延年益寿的吉祥物,这里既给人以温情脉脉的伦理气氛,又有使人思想淡泊明志的人生哲理,巧寓着"人间天堂"的意境。

拙政园在院落的组合上舍弃了皇家园林的中轴线,打破了传统的对称格局,追求诗文之意的舒展开合、起承转合,又寻求画意的远近高低、明暗虚实，这一切“虽由人作，宛自天开”，使园林体现自然、淡泊、恬静、含蓄的艺术特色，并收到移步换景、小中见大的观赏效果。以景区为单位，按它们的方位铺设的流动而又连续的观赏路线，向人们展开了一个有头有尾的连续画面，把各种园林景色组织到统一协调的气氛之中，引导观众从头至尾，有条不紊地进行观赏。如同看一出戏，有序幕，有发展，有高潮，是逐渐将美景推到游客的面前，无一览无余之直露，有含蓄变化之深邃。

三、园林空间安排的基本原则——壶中天地

“壶中天地”来源于《后汉书》，说市有老翁卖药，悬一壶于肆头，肆罢，辄跳入壶中，好事者和他并入，见壶中“玉堂严丽，旨酒甘肴盈衍其中”。这壶中天地，无非说园林小中见大，远害避世，表现出文化的隐逸之气。

从南北朝开始，士大夫开始建园林，在狭小的空间内表现独有的韵味，以显示其造园技术的高超。中唐以后，“壶中天地”的境界已成为士人园林最普遍、最基本的艺术追求。白居易以诗歌记载这一原则，“未知席床前，方丈深盈尺”。“有意不在大，湛湛方丈余”。宋代苏轼对此十分欣赏，“不作太白梦日边，还同乐天赋池上……此池便可当长江，欲榜芳斋来荡漾”。明清时期承继“壶中天地”格局，王世贞在自己园中建“壶公楼”，潘允瑞《豫园记》载，在上海豫园入口处竖一牌坊，曰“人境壶天”。扬州个园有一匾“壶天自春”，其他“小盘谷”、“小蓬壶”、“小瀛洲”、“小玲珑山馆”在园林中也到处可见。

如扬州的小盘谷，该园从韩愈《送李愿归盘谷序》取意，主人是借其名而现其意。韩愈所写“盘中之谷”，“窈而深，廓其有容；缭而曲，如往而复”。境界繁富多变，背景也相当深远。“小盘谷”却在高墙环堵的闹市区，运用“园中含园”，“景外生景”之法，把各种复杂的景观要素集于“壶天”中成就出中和之美，在有限的天地表现出深远的意境。封闭的格局只能以布局紧凑、小巧玲珑取胜，园主以花墙将园分为东西两部，墙上的花窗又引景泄景，分之为二，又合之为一，似露还藏，似隔又联。而连缀两园的是砖雕的桃形门，门如垂桃，桃蒂在上，桃尖在下，如桃倒挂枝头；门廊以水磨砖拼镶而成，上方砖雕两叶，桃大叶小，似更夸大桃的丰硕。门内藤萝缠绕，迎春挂垂，似一天然的珠帘，而又比普通珠帘多了几分生气，此时你再看门额“丛翠”二字，真是恰到好处，点到人心。妙在门亭立一块丈二高的寿星献桃石，如一老者谦恭温和，笑容可掬，已候你多时，奇思妙想，令人玩味不已。盘谷的建筑十分注意安排，楼台亭阁皆有，且注意配置得当，山顶有风亭，沿蹬自可攀；水边有榭阁，入内自生凉；山麓造琼宇，曲栏环楼绕。曲廊连缀诸建筑，花窗掩映作背景，它的可贵在于以体量很小但十分完备的景观要素组合为完整的园景体系，在有限的天地内尽量增加空间形态变化。人行其中，明明只有几十步，但在在美景，处处佳境，使你目不暇接，让你拍案叫绝。因其小，就更要求精致，这里湖石堆叠的假山是远胜于别处的，清《江都县续志》称：“园以湖石胜，石为九狮，有玲珑夭矫之概。”确实，这里的假山中空外奇，说中空，石洞中很光亮，不注意处的石隙透现出一束束的光柱，聚集于洞中的石桌处，游人对弈、小憩皆宜。洞前一泓清水，波光盈盈，水十分的清，洞异常的静，这使人领略到“大园宜动观，小园宜静观”理论的寓意。所以赵朴初称赞此处的叠石：“竹西佳处石能言，听诉沧桑近百年。巧叠峰峦迷造化，妙添廊槛乱云烟。”洞外的山实在叠得好，清雄而有古意，那叠石或如昂狮，或似蹲豹，或同卧虎，或像云涌涛立。夏日看，石间苔青似黛，草碧如丝，嘉木扶疏，芳花俏艳；冬日看，山头白雪皑皑，“九狮之状毕现”，有的跃跃欲腾，有的沉沉酣睡，有的悠闲嬉闹，有的竞相追逐，自得其乐而又自成天趣。最趣者当为花柳明媚之朝，清辉圆满之夕，若是笼以烟雨，“帘外雨潺潺”；若是掩以轻雾，“落月去清波”。竭尽变化的各种景观要素与竭尽开阖萦曲的空间组合成一个极为有限又极为完整的天地。此时，鸢飞戾天者，经纶世务者能不望峰息心，窥谷忘返吗？

四、园林景观的空间审美

（一）观赏方法

1. 景观线

即观赏风景的路线，是将园中佳景巧妙组织，能渐入佳境，又不重复雷同。景观线要曲折迂回，曲径方能通幽，步移景换，不断变化。内简外繁，引人入胜。景观的空间组合要有大小开合，高低、疏密，明暗的变化。

2. 观赏点

观赏风景有动观和静观两种形式。一般观赏点要看到风景点的近景、中景、远景，还可看侧景和全景，且有层次感、立体感、变化感。

3. 特写景

园林中除布置大面积风景外，还应有风格独特、别具一格、小巧玲珑、精雕细刻的景物，这就是特写景。以小、精见长，目的是有利于游人观赏，吸引游人眼球，如特殊的植物、花木、盆景、叠石，水馆观鱼，碑刻雕塑，园林小品，如扬州小金山的枯木逢春。

(二)造景领会

1. 引景

吸引游人前来游览，如山顶筑一亭子，游人必然想向山上登；岛中置一亭，游人必然想泛舟渡水去看一看；漏窗是通过泄景而引景，漏窗中一枝红杏过墙，必然引动游客透过漏窗入园详观之想。

2. 点景

一说是点缀，比如漫游长堤之上，如果堤太长，会单调乏味，长堤中建一亭，作为点缀，必然调动游人游兴；二说是以一词一语点出景物特征和意境。三亚的天涯海角是点在海边巨石上的，西湖十景、平湖秋月、苏堤春晓、三潭印月是点在碑上的。其实两种说法又可融合，比如卢沟桥就是在桥头建一亭，内有乾隆题写的“卢沟晓月”碑刻。

3. 借景

园林之妙在于借，就是把园外的景物巧妙组合到园内，以充实园内的空间，丰富园内景色，使园内外景色融合成一个整体。承德避暑山庄借了外面的山石景磬锤峰，还据此在园内修了一亭，康熙亲题“锤峰落照”匾额，于是内外呼应，成为康熙三十六景中的一景。再看这锤峰傍晚时倒影落入湖中，蔚为奇观，于是借景成了实景。之后人们又将其和另外立于三冈之巅的“北枕双峰”、“南山积雪”、“四面云山”合在一起，四隅环立，遥相呼应，成为造园艺术中对景的范例。借景有多种形式，《园冶》中有远借、邻借、仰借、俯借、应时而借等，好处是“物情所逗，目寄心期，似意在笔先……”

4. 藏景

即园中园，可形成大中见小、小中见大的对比效果，丰富景色，引起游人的神秘感。

（三）自然美欣赏

1. 动静兼顾

静观，审美者以静止方式，全神贯注，让自己的意念渐融入客体世界，可以以静观静，用静止的方式审视静止的事物；以静观动，用静止之法审视动态的景物，便于捕捉到观赏的对象，通过静止人和动态物二者的位置差体会景物的动态美。动观，审美者以步行、骑马、乘车等方式欣赏自然物。以动观静，欣赏者通过角度位置的不断变化，造成所观察到的静止景物也在运动，给予静止景物以动态的美；以动观动，使动景在稍瞬即逝中变幻莫测、扑朔迷离，有万里春光收不尽之感。

2. 登高凭临

借助高处优势，将远方大范围的整体景观尽收眼底，使游者心胸开阔、心旷神怡。

3. 注重对比

将不同自然事物的形态、声音、色彩对比，指出事物自身的特征；将虚实景物对比，具体实在清晰和虚幻朦胧模糊景物对比，使自然景色画面有了层次感、纵深感。

4. 情景交融

在自然审美的过程中，加入人的情性，使自然人格化、情感化，使眼中的自然万物有人的思维、人的行为、人的情感。

（四）人工美欣赏

1. 从社会意蕴中把握

人类的创造性活动中体现了审美要求，人工美必然蕴含着一定的社会生活内容。而且成为人类生活的背景，构成人类生活的物质世界，成为社会生活的一部分。

2. 从具体特征中欣赏

建筑、书画、雕塑、工艺、园艺等，其内容主要表现在它们各自的功能、技术、艺术上，从内容出发，可以领略到它们的具体特征。

3. 从与自然的关系中领略

人文景观不是孤立的，它总是存在于一定的环境中，尤其是自然环境，一处看似并无独特之处的人文景观如果联系周围自然环境，就会大放异彩。

4. 从生活风情中感受

既通过对人文景观的观赏去认识和体验其中的社会生活，又通过体验生活风情更深入地感受人文景观，乃是旅游审美的重要方式。不同的地域，不同的民族，都有不同的生活形态，由此出发就会立体把握人文景观的外壳，更能感受到它的脉搏和血肉。

第四章

中国园林的理水艺术

一、集中理水

水是园林的血脉，称为造园的第一要素。但我国古典园林中的理水之法与西方不同。其水体形式主要有湖泊、池沼、河流、溪涧，以及曲水、瀑布、喷泉等水型。中国园林水围山转，山因水活，追求的是以山水为主题的自然美、灵秀美、智者美。中国园林中喜欢用水，因为水总给人以清新、明净、亲切的感受。常常引水入园，开池蓄水，旱园水做，水面随园林的大小及布局情况，或开阔舒展，或潆回幽深，使空间延伸、变幻。当山石、植物与水漫延流动的神态结合一起时，更觉得自然而富有生气；而水面五彩缤纷的倒影和跳动着的山泉、水瀑、浪花敲打着人们的心弦，令人欢快，富于想象。

中小型庭园的水面常采用集中理水的方法处理，在庭园中常以不规则的水池为中心沿水池四周环列布置建筑物，形成一面向中心的内聚格局，使有限的空间产生出密切、幽静、畅朗、水态丰盈的效果。如网师园占地仅 0.6 公顷，而中部以开阔水池为中心，环池配以亭阁轩廊和山石花木。著名学者钱大昕十分赞赏其理水艺术，“地只数亩，而有行回不尽之致;居虽近廛,而有云水相忘之乐”。

古今造园必有水,网师园,顾名思义是以水为主的园林,体现主人的渔隐愿望。园中池名彩霞池,相传是因南宋园主史正志之爱女的芳名而得名,沿用至今。造园强调叠山理水,理水艺术直接影响造园的景观效果,现在园中主景就是这一池碧水,水面开阔约半亩,命意不在分割水面以增支流的深远,而在聚而不分,故池面为方形,仅东南、西北角伸出水湾,所以有水乡漫澜的感觉。石拱小桥拦出水涧和水闸,西北伸出水湾平板曲桥隔出湾头水面,池水去来无踪,有水源不尽之意。过桥以后,水体空旷一片汪洋,以象征园主的江湖之思,体现了渔隐愿望和与世无争的生活情趣。小涧、小桥衬托出水池的宽广,这是小中见大的典型范例。小拱桥和平板曲桥把水体分成三个部分,而桥的本身一圆拱一低平,一大一小,又组成对景,其位置处于园中最长的对角线上,是一组绝妙的对比。桥一方面形成了别致的桥景,另一方面又有分隔水面空间的功能。用桥分水似隔还连,水能通过桥孔展延出去,增加了水景的层次。彩霞池岸用黄石叠砌,上横下直,大小错落,形成各种洞窟窝凹,形如水口,有水广波延和源头不尽之意,石岸曲折错落,着重大体积组合,无平直刻板之弊病,沿池设置踏步石矶,踏步可拾级而下,玩手洗足,石矶可临水休息,观鱼戏水。

二、分散理水

大中型园林则采用分散理水之法,即将水面化整为零,分隔成若干个区域相互连通,形成大小不一的水面环境,称为“水局”。以水为题,以水取景,水陆萦回,山岛间列,小桥凌波，烟水浩渺，造成迂回曲折、扑朔迷离的美感。这方面北京颐和园、杭州西湖堪称典范。

"欲把西湖比西子，淡妆浓抹总相宜。"清代刘大观说，"杭州以湖山胜。"杭州山不太高，湖不太大，因此造园时完全可以借远处山景，不需要人工开挖湖面，仅仅引钱塘江水入园，由于只取西湖的一隅，因此就没有太湖园林的空荡；由于利用自然山水，又比苏州庭院中的山水更为开阔，而不局促。巧借自然界造化之功，更得力于人工的精心雕琢。从唐开始，经过数千年的经营，人们把楼台亭阁、假山叠石、怪竹奇木荟集于西湖，使西湖的风貌楚楚动人。

最值得称道的是"湖中湖"。苏公堤和杨公堤，不仅自成一景，又与白堤一起，在大湖中安排了许多线条，以直线或曲线的堤将湖分隔成大小、形状不同的外湖、里湖、岳湖、西里湖、小南湖五个部分。湖中有湖，湖湖不同，有明显的分隔，又有机地联系。无论是从北高峰鸟瞰全湖，还是漫步西湖，又或者直接到柳浪闻莺、花港观鱼、曲院风荷转悠，景随步转，有曲折变化之趣，给人以风光处处不同的美感享受。

湖中湖的好处还不止于此，它可以构成园林布局中的鲜明对比。如果你步入"花港观鱼"、"柳浪闻莺"、"三潭印月"，细细注视，便见它们既面临西湖，而园内又有数个小湖，这些湖虽与西湖水相连，却用湖堤隔开，水的入口处很小，而且以黄石点缀小的通道，使通道显得很隐蔽，既可保持水清，又各自独立成湖。四周遍植垂柳与外湖隔开。这时，你若站在堤上，望外四湖，只见开阔空旷，烟波浩渺，波浪击岸，啪啪作响；再望内湖，却是娇巧玲珑，波平如镜，静谧无声。来到岛中之岛，湖中之湖的三潭印月，如果正是黑云翻墨，狂风阵起，此时，向外湖望去，只见群山如黛，乌云翻卷，湖水顿改平时柔顺性格，湖蓝的水面霎时成了铅灰色，混混沌沌，状如奔马，激流涌涛，如震如怒；这时再望里湖，似乎是世外桃源，狂风被堤树挡住，漏进一两丝风来，不过吹皱一池湖水。一会儿，雨来了，只见外湖烟雨霏霏，风借雨势，雨助风威，状如千军万马，齐奔突怒；而内湖却是“白云一片忽酿雨，泻入波心水亦香”，水光苍茫，如烟似雾，山色空濛，烟水迷离。全湖都种植荷花，却风致不同。外湖，只要稍有微风细雨，便是“荷背风翻白，莲腮雨退红”，而内湖却是“全红开似镜，半绿卷如杯”。这外湖内湖的咫尺之隔，由于构园者的慧心妙手，竟然形成了动静的对比，阴柔阳刚的转换，壮美秀美的映衬。这就使游客在审美感受、审美趣味上有所转换，真是一边是“山摇地撼”，一边是“柳绿花红”，铙钹之后，接之以洞箫清啭，使欣赏者得到更多的美感享受。

颐和园的昆明湖与西湖有异曲同工之妙，这里水面广阔，是园林布置的极好基础。园的周围共有 6.5 公里，全园面积近 250 公顷，其中陆地面积仅占四分之一，在当时北京诸园中是水面最大的一个。因此，设计家抓住了水面大这一特点，以水面为主攻设计来布置，主要建筑和风景点都面临湖水，俯览湖面。当时取名“清漪园”，就是清波满园之意。

中国古代园林从汉朝在池中建岛以后，到魏晋南北朝又沿着池岸布置假山、花木及各种建筑。自此以后，以水池为中心处理园景成为一贯的传统方法。置岛屿于颐和园的湖泊中，园林设计家用长堤把湖面划分为几个区域，还在昆明湖中布置了凤凰墩、治镜阁、藻鉴堂等孤立于湖心的岛屿，象征传说中的蓬莱、方丈、瀛洲“海上三神山”，从而打破了广阔湖面的单调气氛，使昆明湖的景观更为秀丽多姿。

三、池水与喷泉

对于湖泊、池沼等大型水体来说，大都是利用天然水体而略加人工或依地势“就低凿水”而成。这类水体，面积较大，例如北京的三海，颐和园的昆明湖，杭州的西湖等，《园冶》所谓“纳千顷之汪洋，收四时之烂漫”的情景只有在这样大园的大型水面中才有领略的可能。在这类开阔的水面上，往往可以使用安排岛屿、布置建筑的手法，增进曲折深远的意境，形成一种离心和扩散的格局。如杭州西湖的湖中三岛——三潭印月、湖心亭、阮公墩，就是以大水面为背景构成的水景建筑空间。其中三潭印月有“小瀛洲”之称，形成“湖中有岛、岛中有湖”的多层次水景空间。

三潭印月（图片提供：沈腊梅）

规模小的园林或宅园，或大型园林中的局部景区，水体形式以水池为主。此类水池，阔者数亩，精巧者仅一席见方，借意“一勺如江湖万里”。池岸常筑以廊榭轩阁，驳以参差石块，植以垂柳碧桃，清池倒影，自有妙境。庭园里还常在“池上理山”，或“就水点石”，别有情趣。

我国园林以水作动态时，还常常模拟瀑布这一自然水型。通常的做法是将石山叠高，山下挖池作潭，水自高泻下，击石喷溅，俨有飞流千尺之势。宋徽宗造艮岳“瀑布屏”，构筑甚妙，它用“紫石，滑净如削，面径数仞，因而为山，贴山卓立，山阴置木柜，绝顶开深池，车驾临幸，则驱水工登其顶，开闸注水，而为瀑布”(《艮岳记》)。清代乾隆花园里假山上的蓄水柜作瀑布景，即属此类。古时还有用竹筒承檐溜，暗接石罅中，叠山凿池而成瀑布景的，自然呈现另一番野趣。

溪涧属线形水型，水面狭而曲长。水流因势回绕，不受拘束。大型的风景园林中有天然泉涧时，自成其景。庭园里，一般于大小水池之间，挖沟成涧，或轻流暗渡，或环绕回萦，使庭园空间变得更加自如。例如南京瞻园静妙堂西侧的回流溪涧，它联络堂前堂后大小两池，前段湖石沿涧砌筑，与堂前叠山壮景连成一气；后段平坡而渡，涧若大若小，就中架设小石板桥，山石随势置立，苇草沿溪滋生，循涧徐步，涤尽尘俗。

此外，园林中还常出现泉(以天然泉为多)、潭(临岸深水之水型，常设于假山、瀑布下)、滩等水型，如镇江金山的一泉、无锡寄畅园的二泉、苏州虎丘的三泉。若园中无水或少水，还常用陶器、盆缸或玻璃水柜之类盛水作景，这类水型可以灵活迁摆，一般作为点缀庭园之用。

四、旱园水做

扬州何园为旱园，旱园水做常法都是挖一水塘，点缀些山石，沾点水气而已。而何园构园者从一开始就另辟蹊径，在进园处贴壁山林前，是一湾曲水，池旁湖石或如峭壁凌空，或如矶石俯瞰，池内碧水中游鱼怡然，山上葛藤倒悬，更有山色楼台倩影映水，你会不自觉地叹道："活了！"更有趣者，前园的牡丹厅房安排船厅，看着这船形的厅堂，人们仿佛已到湖边，再看厅下，以鹅卵石和小瓦铺成的水的波浪纹，起伏有致，似见波光粼粼，似听裂岸涛声，此时你抬头看那楹联，"月作主人梅作客，花为四壁船为家"，大概你顿时会忘却这是一个旱园，而会疑为在湖滨漫步，舫内荡桨；定会惊叹于构园者能使旱园"无水而有水意，无山却有山情"之精妙设计。

第五章

中国园林的叠山艺术

一、提升自然之山的品位

筑山是造园最重要的因素之一。山，由于体量高大，耸峙如屏，本身就美。土山的不同坡面，可随势种植树木花卉，点缀楼阁亭台，构成不同特色的风景点；石山，不同的石材，形状、色彩、纹饰不同，或峭拔凌空，或娇巧玲珑，或悬崖飞石，或洞窟如屋，或峡谷山涧，给人以雄秀奇险的美感。而山还可以遮挡、分割，将园林分割成不同的空间；能引动游客登高远眺，游目骋怀，亦可回转山周，在隧道深洞之中戏耍，趣味无穷。

石涛在《苦瓜和尚语录》中说到园林山川的形貌与精神之间的联系，“山川，天地之形也；风雨晦明，山川之气象也；疏密深远，山川之约径也；纵横吞吐，山川之节奏也；阴阳浓淡，山川之凝神也；水云聚散，山川之联属也；蹲跳向背，山川之行藏也”。

园林山有真有假，北京香山公园，承德避暑山庄，大连的老虎滩公园，都是选择佳山秀水，因而真山和园林山相映成趣。

园林山不同于自然山，凡入园林的山脉既要突出山的主脉高峻，又要恰当进行改造，增瀑添溪，植树建亭，重新安排，使诸美集于一山。比如颐和园的设计，不仅要考虑到园里建筑和风景点互相配合借用，而且把四周的自然环境也要一并考虑在内。立足于昆明湖的东岸，西山的峰峦，西堤的烟柳，玉泉山的塔影尽收眼底，成为颐和园中的景色。这种借园外山景的“借景”手法，使园的范围大为扩展，景物也更为丰富。颐和园的昆明湖北岸，有一座高达58米的万寿山，好像一座翠屏峙立。清澈的湖水如同一面镜子，把万寿山映衬得分外秀丽。湖山景色密切结合，形成一个整体。古代的造园艺术家和工匠们，在设计和建造这座园林时，充分利用了湖山相连的优越自然条件，适当地布置园林建筑和风景点。如抱山环湖的长廊和石栏，既划开湖、山，又作为中介把它们紧密地连接成一体。伸入湖中的知春亭，临湖映水的什景花窗，建造在湖边山麓的石舫等，都是巧妙地把湖山结合在一起的佳景。

在高山绝顶处常建有寺观以取高高在上之意，同时也丰富了自然景区中的人文景观，使人与自然的交融更为紧密。这种实例很多，如位于峨眉山主峰海拔3000米的金顶大庙华藏寺，建筑基址选在距千丈悬崖仅2～3米的边缘上，金色的屋顶在阳光下金光闪烁，方圆之内极为引人注目。其他如九华山天台峰极顶的天台寺，青城山顶的上清宫，泰山绝顶的碧霞祠，华山绝顶的真武宫，武夷山的天游观等。再以避暑山庄为例，这里峰峦竞秀，整个山区占全园面积约80%。山峦之间，有四道东西走向的峡谷，谷中清泉涌流，汇成小溪，颇具“高山流水”情趣。山峰绝顶，居高临下，可纵目远眺，视域广、方向多，环视园林景色常具有全景式鸟瞰的整体效果，成为游赏景色的高潮点。避暑山庄山区的山巅又建造了四座亭子——北枕双峰、锤峰落照、四面云山和南山积雪亭，登上山峰极目远眺，磬锤峰首先映入眼帘，峰上的“锤峰落照”，黄昏时分彩云织锦，整个山峰沐浴在晚霞之中。北侧也有一高峰，此峰居山庄群峰之首，是个登高览胜的绝妙之地，东眺“罗汉峰”，西望“广仁岭”，俯视湖光烟雾，令人目不暇接，真不愧“四面云山”。康熙皇帝曾题诗“雨过风来紧，山塞花落迟。亭遥光得月，树密显高枝”，道出了山景之妙。

二、营造人工假山的景观

中国园林艺术以自然山水园的独特风格而著称于世。“山”自然是园林的骨架。古代哲人称石头是天地之骨，石头在自然景观中起基本作用，这种观念引导着中国人把自然的石头用于园林的创造。中国园林中的“山”有真山，苏州天平山高义园为真山园林的代表，而中国绝大多数园林中的“山”是假山，人工造山在中国传统造园中自然占有十分突出的地位。假山造型独特，千姿百态，点缀庭院楼阁，既装饰了建筑本身，又丰富了园林的空间，使游者获得咫尺山林的美感。

假山始创于秦汉，史载“筑土为蓬莱山”，还有确切记载北魏张伦造景阳山，“园林山池之美诸王莫及”。假山兴盛当在唐宋，尤其是宋徽宗喜爱山石，花石纲即是证明，《续资治通鉴》载，宋徽宗在卞京筑“艮岳”，从江南运来大量奇石，有“太湖、灵璧、慈溪、武康诸石”。上行下效，造假山蔚然成风。

假山堆叠之精当在明清，明计成《园冶》中就对造山叠石之法作了全面总结，“存真为假，作假为真”，他曾以扬州园林为例，列举了园山、厅山、楼山、阁山、书房山、池山、内室山、峭壁山、山石池、金鱼缸、峰、峦、岩、洞、涧、曲水、瀑布 17 种形式，总结了明代以扬州为代表的造山技术。可以看出江南明清之际造山艺术已趋于成熟和普及。

江南大多数园林是假山，这首先因为江浙一带，尤其是江苏，除小丘陵外，大部分是冲积平原，无山可借，但无山园林就少了骨骼脊梁，于是造园叠石，别具奇趣。

叠石是我国一门独创的建筑艺术，园林假山叠石按位置可分为庭山、壁山、楼山、池山等类型。其中庭山是庭院内的叠石，多在园林建筑前；壁山是依墙壁叠石或就墙中嵌石山，称为贴壁山；楼山以叠石为楼阁基础，池山则是在水中叠石而成。

叠石用的石料有湖石、黄石、房山石、青石、英德石、黄蜡石、宣石及各种石笋等。湖石由石灰岩溶蚀而成，山石玲珑，色泽青润，纹理纵横，凹凸不平，彼此通透；黄石由细砂岩风化分裂而成，石形方正有棱角，纹理古拙浑厚，气势雄伟；房山石是北方湖石，英德石多姿，黄蜡石圆浑，宣石白色覆灰黑。人们根据这些不同特色的石料，加以艺术组合，构成小至盆景，大至石山的叠石景观。其中，南方湖石以灵透入画，北方大青石以粗犷取胜。但是它们都要求以很小的空间，展现出千岩万壑的雄奇画面，给人以雄奇、峭拔、幽深、平远等意境。如苏州环秀山庄的湖石假山，扬州个园的黄石假山，无锡寄畅园的八音涧，首都北海的琼岛等，都是以小尺度创造峰峦洞壑、溪涧飞泉的杰作。

受绘画的影响，我国园林叠石艺术常常展现出山水画的特点。匠心灵巧地运用写意法，在静而无动的一池死水边叠出斑驳石岸，叠成若干港汊、窟穴、湾头，使人浮想联翩，产生源流无尽的错觉，造成“死”水变“活”的艺术效果。叠石艺术还主张“有林则生，有水则媚，有路则活”，“横看成岭侧成峰，远近高低各不同”的空间构图。有的叠石还能象形肖物，比人拟事。如扬州个园的山石堆砌成春山、夏山、秋山、冬山四景，故宫御花园北门东侧一组山石，可寻十二生肖，寓意天下百姓皆为皇家属民，是我国园林中创造鲜明个性的杰作。

群狮盘峰，苏州狮子林原为寺庙园林，元代天如禅师特邀著名画家倪瓒设计图样，后依倪瓒画就的《狮子林图卷》定下基调，该园在1公顷的园内以湖石叠砌的假山，太湖石“通身鳞甲隐，透穴洞天明。丑石隆胡准，深凹刻兕觥”，形成群狮盘峰的意境，素有“假山王国”之誉。很多人认为园中假山皆似狮子，不无道理，因佛国狮子受到佛祖佛经的感化，泯灭了兽性，通灵成精，化作神狮，成为佛国之兽，作为佛的坐骑，至各名山游历传教。因此很多游人入狮子林后都以寻狮为乐。狮子林中太湖石自身玲珑俊秀，大大小小，各具姿态，多数像狮形，也有似蟹鼋、鱼鸟，千奇百怪，难以名状。但更重要的是该园假石堆叠的整体风格，其山形大体分为东西两部分，各自形成一个大环形，外部看去，峰峦起伏，气势雄伟，很像一座深山老林。石峰底下却又全是石洞，显得处处空灵，具有岩壑曲折之幽，峰回路转之趣，既可登上山峰，亦可翻入洞穴，正憾山穷水尽疑无路，又赞豁然开朗又一村。在山中徜徉，刚刚相向而来，忽又背道而去。隔洞相遇，可望而不可即，左弯右曲，盘旋往复，半天也难绕出来。宛如诸葛亮摆下的八卦阵，又似梁山人误入祝家庄的盘陀路。正如天如禅师《狮子林即景》所道：“人道我居城市里，我疑身在万山中。”这种“内实外空”、“外实内空”的综合使用，如石涛《画语录》所赞“一峰突起，连岗断堑，有胎有骨，有开有合”，确是符合“峰与皴合，皴自峰生”，“依皴合缀”的画理。

分峰造石，是扬州个园的假山采取之法，所谓分峰造石即根据不同的石材，堆叠不同的山峰，辅以花卉树木，形成一处处个性鲜明的山景，而又要将众多山景汇于一园，相互映衬，相互比照，给人以“一石则见太华千寻”的感受。园门两旁花台上修石依门，筱竹劲挺，石笋如春笋破箨，缕缕阳光把稀疏竹影映射在园门的墙上，构园者抓住最能体现春意的竹、石笋，以竹石和谐相配，游者从中获得的必然是春天的欣欣向荣、朝气蓬勃的美感。夏山，用太湖石叠成，秀石剔透，娇巧玲珑。曲桥两旁奇石或似玉鹤独立，或似犀牛望月，谷口上喜鹊登梅，山顶上群猴嬉闹，洞谷如屋，深邃幽静。山涧侧畔，广玉兰亭亭玉立；檐前阶下，芭蕉绿上窗纱。人行其间，浓荫披洒，绿影丛丛。秋山由安徽黄石堆就，其石颜色赭黄、赤红，其势如刀劈斧削，险峻摩空，山隙间丹枫斜出，曲干虬枝与嶙峋山势浑然天成，虽是咫尺之图，却有百里之景的磅礴气势。冬景是用宣石堆起，宣石中含有石英，迎光闪闪发亮，背光皑皑露白，无论近看远观，假山上似覆盖一层未消的残雪，散发着逼人的寒气。山畔池旁，冬梅点点，疏影横斜，暗香浮动，“霜高梅孕一身花”，真是“春夏秋冬山光异趣，风晴雨露竹影多姿”。

孤峰点景，即一峰独秀，北京颐和园乐寿堂入门庭院内有一块巨石，大如屏风，高4米，长8米，横卧在一个雕刻精美的海浪纹青石座上。据记载这块石头出自房山，后被米万钟发现，准备运到勺园去，采运时，用一百多民夫驾十套马车，七天才拉出山，又过五天才到达。

第六章

中国园林的建筑艺术

一、丰富的园林建筑物

园林内有许多观赏性的建筑物，较常见的是亭台楼阁，园体较阔大的便设舫榭廊庑。园林中丰富的建筑物便于园林主人们或旅游者们登临观赏，从总体上把握园林，其功效很大。

1. 亭、台、楼、阁

(1)亭

亭是园林建筑物中最常用、最不可少的，故有人称园林为亭园。亭的主要功能是观赏园林景致，其本身也成为园林中的景物，同时亭子也是供人休憩的场所。明计成《园冶》称："亭胡拘水际，通泉竹里，按景山巅，或翠绿花密之阿，或苍松潘郁之麓。"指出亭子在园林中布局位置的重要性，若定位得当，全盘皆活，有画龙点睛之妙；定位不当，便使园中景物凌乱，有累赘之感。

亭的建筑形式灵活多样，平面有正方形、长方形、三角形、正八角形、正六角形、十字形、扇形、梅花形等；立面为攒尖顶，单檐、双檐和三重檐。亭以方亭最为常见，因为它简单大方，质朴可观，在园林里山傍桥侧最常用。园林里除了方亭以外，要以八角及六角亭最多，三角亭最少。此外，还有如双圆（套环）、双方（方胜）、双六角、双八角、上圆下方等，形形色色；还可在其他建筑的墙面上做半个方形、六角、八角等附着（即半山亭），供人游览。园林中的亭多数是开敞建筑，便于登临观赏景物，临水和崖边的亭子，必安装栏杆，确保安全。有时考虑使园林显得幽深，在亭中设洞门，透过双重洞门，对面景物更显深远。如考虑冬暖夏凉，亭子还可安装可装卸的门窗，苏州拙政园的梧竹幽居亭和拙政园的两宜亭便是很好的典范。

亭子的美，远观欣赏其美丽多姿的轮廓，近观则考察其周围景物与亭子是否相得益彰。如亭子的顶部飞檐高翘，犹如羽翼舒展，晶莹剔透；金碧辉煌的琉璃瓦顶亭面，配上朱红色的亭柱，堂皇而又庄重，与周围的苍松翠柏、蓝天绿水构成和谐的画面。

中国的名亭很多。颐和园十七孔桥东端的廓如亭（俗称八方亭），是我国现存亭子中最大的一个，面积130多平方米。八角重檐攒尖顶，枋檩全部饰以彩画，体形舒展而稳重，气势雄浑，宏大壮观，令游客赞叹不已。

中国的园亭常由于文化名人的书法和名望而名声远扬，清新秀丽的济南大明湖，垂柳依依，荷叶田田，湖中有一座历史悠久的历下亭。该亭初建于北魏年间，明嘉靖年间重建。唐代大诗人杜甫陪同大书法家李邕曾有题诗，清代著名书法家何绍基将此诗句“海右此亭古，济南名士多”书写成楹联，挂在亭柱上，名景、名诗、名书法，堪称三绝。

安徽滁县琅琊山的醉翁亭，原是山中和尚智仙所建。亭子紧靠峻峭的山壁，飞檐凌空挑出。北宋著名文学家欧阳修被贬到滁州任太守，便寄情于山水之间，常与宾客饮酒亭中，自称“醉翁”,写下了千古名篇《醉翁亭记》,故此亭名为醉翁亭。著名大书法家苏东坡又亲自书写《醉翁亭记》,镌刻其间,故该亭名声大振。琅琊山蔚然深秀,花木繁荫,风光十分秀美,醉翁亭点缀其间,吸引着古今游人。

除此以外,北京先农坛西面的陶然亭,杭州西湖外湖中的湖心亭,长沙岳麓山下的爱晚亭,西安兴庆公园里当年杨贵妃所倚的沉香亭,因王羲之醉写《兰亭序》而出名的浙江绍兴兰亭,为纪念唐代文学家韩愈而建的广东潮州韩亭,成都杜甫草堂中的茅亭,以及900年前北宋所建的苏州古沧浪亭等,也都是著名的亭子。

沧浪亭(图片提供:汪清香)

(2)台

台是一种高而平的建筑物,它或是单独的建筑,或是许多

附属建筑物的台基，或为单纯的台基。台有很多特定的作用，有专为眺望游览而用的高大平台，有作为传烽举火的台，也有作观测天象用的台，不一而足。一般说来，“台”都是风景秀丽的自然景观与色彩斑斓的人文景观相结合的建筑。

台这种建筑在中国很早就用。据史籍记载，商代纣王，不务政事，最后为周武王所灭，临灭前，商纣王自焚于鹿台。春秋战国时期，台更盛行，诸侯非有台不可，最著名是楚灵王的章华台，台高10丈，基广15丈。据《三辅黄图》记载，长安的台榭除了周汉灵台之外，还有汉武帝到过的高10丈的柏梁台，以及神明台、通天台、凉风台、鱼池台、酒池台，又有奢室台、斗鸡台、走狗台、坛台、汉韩信射台。又未央宫有果台、东西山二台，还有钩戈台、通灵台、望鹤台、眺瞻台、桂台、商台、避风台、兰台、八风台等。台之多是举不胜举的，可见汉长安城园林是多么可观。

我国历史上的名台很多，除上述史籍记载之外，现为旅游景点，供游人观赏的有：

河南登封县城东南周公庙内的观星台，是我国最古老的一座天文台，也是世界上著名的古代天文建筑物，为周文王子周公旦在此建造的测景台。以后，元代杰出的科学家郭守敬在测景台旧址上重建了这座规模宏大的观星台。台高9米多，台上有巨型石圭，当时郭守敬在此精心观测天象，并创制了当时世界上最先进的历法——《授时历》。

汉阳月湖之滨的古琴台，相传是春秋时楚国著名音乐家俞伯牙鼓琴的地方，当时只有精通音律的隐士钟子期知其志在高山流水，遂结为知音。“知音”一词即源于此典故。北宋时，有人感其情谊深厚，筑台以纪念，以使游客们重温“高山

流水”之美妙。

此外，我国还有众多的钓鱼台、读书台、观景台、望月台；还有不少抗敌的古炮台、阅兵的拜将台等。这些“台”都是我国悠久的历史文化遗产，同时也是发展旅游事业的宝贵资源。

(3)楼

“楼，重屋也”，意即重叠起来的房屋。

历史上的无数高楼早不存在了，但我们能从丰富的文献、文学作品中得到了解，同时也可从出土文物中看到一些具体的形象。总括起来，楼的具体形象有数种：战国两层楼建筑；汉五层望楼；山西平遥古楼、城楼、民居楼。这种楼房的结构有挑楼、竖楼、带廊子楼，有二、三、四、五等层楼。楼房屋顶常用歇山顶和硬山顶或用硬山悬山(挑山)顶。

唐代著名诗人王之涣登游鹳雀楼，写下为后人所传诵的《登鹳雀楼》：“白日依山尽，黄河入海流。欲穷千里目，更上一层楼。”北宋著名政治家、文学家范仲淹在“庆历新政”失败后，被贬京外，应友人滕子京之邀，登临岳阳楼，留下了流芳百世的《岳阳楼记》，在这篇游记中，范仲淹发出了为后来仁人志士所常用的豪言壮语“先天下之忧而忧，后天下之乐而乐”，岳阳楼也因此而闻名于世。

其他名楼还有：昆明大观楼，一座四方形的三层楼，楼顶为四角攒尖式，正中冠以巨大高耸的宝顶，楼基砌着高大石台，使整座建筑显得雄伟。楼的正面濒临五百里滇池，四周景色极佳。登楼远眺，但见波光云影，远山如黛，是一大观，不愧此楼的命名。清代著名长联圣手孙髯翁曾撰《大观楼长联》，号称“天下第一长联”，大观楼也因此名闻海内外。

现存古代楼阁中最精美的是山西万全县飞云楼，相传建

于唐代，现存建筑是清乾隆十一年（公元 1746 年）重修的。从结构和造型来看，在技术和艺术上都达到较高水平。整座楼比例匀称，外观雄伟而玲珑。在古代绘画中常常可看到这种形式的楼。

各种名楼中不少命名为烟雨楼，最著名的两座烟雨楼，相隔也有数千里，但它们却有密切的“血缘”关系。江南嘉兴的名胜烟雨楼建于五代十国时期，四围烟波浩渺，景色更殊。楼周围有凝碧阁、宝梅亭、碑亭、鉴亭等建筑相比衬，还有假山、石级及花草树林拥护，是座颇富艺术情趣的园林。乾隆皇帝下江南，非常欣赏烟雨楼，故后来在修建避暑山庄时曾几次带了画师专门摹写嘉兴烟雨楼，且在避暑山庄仿建。避暑山庄烟雨楼位于澄湖的青莲岛上，每当山雨时，雨打湖面，烟雾升飞，一片迷蒙。楼在烟雨中，景色极佳，真有“人间仙境”的意味。

我国还有数楼并立于一院的，如成都市东南的望江楼公园内，有吟诗楼、望江楼、濯锦楼三座楼毗邻，彼此配合，屹立于锦江岸边，与江水白云相互辉映。吟诗楼是座两层楼，三叠相连，四面敞轩，曲折有致。前面配以假山、修竹、杨柳，别具风格。唐代女诗人薛涛，晚年曾在这里居住，在楼对面还有一口井，名叫薛涛井。与吟诗楼对峙的是一座三间两层的濯锦楼，外形仿造船舫修建，古朴而优雅。传说蜀锦经过锦江水洗濯后，色彩分外鲜艳，因此，锦江又名濯锦江，濯锦楼也因此而得名。楼高近 30 米的望江楼是三楼中最高大的一座，也是现存木结构楼阁中较大的一处。共四层，下两层为方形，每面三间，上两层作八角形，八面均有凌空游廊，整座楼显得雄伟而又精巧。现存建筑为光绪十五年（公元 1889 年）所重修。清末江津长联圣手钟云舫，撰写了220字的《望江楼长联》，亦非常有名。

我国古代城市都在市中心或高处修建钟楼、鼓楼，也有把钟鼓合设在一座楼上，叫钟鼓楼。全国各地的钟鼓楼、钟楼、鼓楼可能有上千座，现保存较好的要算北京和西安的钟楼和鼓楼。

(4)阁

古诗曰："西北有高楼，上与浮云齐，交疏结倚窗，阿阁三重阶。"说的就是有三重台阶的高阁，可见阁的历史较早。阁本是四周有壁、储存什物的房屋。后来逐步发展成了与大殿、高楼并提的巨型建筑，作为储物、藏书、供佛及登高游览之用。全国现存的阁数以千百计，建筑形式上，有长方形的、方形的、八角形的、圆形的，等等；建筑结构上，不仅有木结构的，还有砖石发券的；建筑材料上还有琉璃的、铜铁铸造的，等等。如北京颐和园的宝云阁全部用铜铸成，因此俗称铜亭。此外，山东曲阜孔庙的奎文阁，承德避暑山庄的上帝阁，故宫中的雨花阁等无不各具特点，具有悠久的建筑历史和高度的艺术价值。

我国各地历史上有名的阁举不胜举，如北京雍和宫万福阁、承德普宁寺大乘阁、杭州的云汉阁、宁波的经纶阁、九江的倚天阁、福州的澄澜阁、漳州的齐云阁、汉中的凌霄阁、登州的蓬莱阁、南阳的升仙阁、贵阳的扶摇阁、汀州的天香阁等，许多已经成为陈迹，但尚有不少至今仍巍然屹立在祖国各地。唐代文学家王勃的名作《滕王阁序》中的传世之句"落霞与孤鹜齐飞，秋水共长天一色"，写的就是登临南昌滕王阁观赏远景的感受。

我国的藏书阁已有两三千年的悠久历史，汉初萧何就曾建石渠阁藏书。两千多年来,这种藏书阁建筑代代相传。建于明嘉靖年间的宁波范氏天一阁,是我国现存最古的一座藏书阁。清乾隆年间刊印数部《四库全书》,分别藏于北京故宫东华门内文渊阁、圆明园文源阁、承德避暑山庄文津阁、沈阳故宫文溯阁、镇江金山文宗阁、杭州文澜阁、扬州文汇阁,这七阁都是仿天一阁而建,但在结构和形式上又有所发展。

2. 舫、榭、廊、桥、塔

(1)舫

舫是仿船的造型而造的水边建筑,不过船头靠在陆地上,故又称旱船。南方园林中的舫是仿水中画舫而建成的,舫有三舱,前舱较高,中舱略低,后舱高起成两层楼,可登高眺望。如扬州瘦西湖大门外,大虹桥东南角的石舫,苏州拙政园中的香洲,建于水边,形似画舫,并与他岸以桥相接,犹如跳板以登船。

(2)榭

榭也是园林中的水边建筑,它的突出特点是建于水边。突露出岸、架临水上,故名叫“水榭”。古代的榭是台上建屋的意思,后来演变到园林中是借景建筑。一般榭是长方形或略呈方形的单层建筑,建筑格式常用歇山屋顶,结构轻巧,立面开敞。跨水部分由水中的石柱支撑,上架木板,边设栏杆。

(3)廊

廊即堂下周室,初期并非独立之建筑物。汉、魏时已有庭院之间以廊连接的记载,唐大明宫内太液池南岸曾建筑廊数百间。宋朝时,廊才成为园林中独立的观赏建筑。作建筑间交通之用是廊在园林中的主要功能,也可作为导游路线,使山与水、建筑与建筑间有巧妙的过渡,供游人行走、避阳避雨,同时又增加景色。廊下多安坐凳和栏杆,既有方便休憩的功能,又是廊中连续的装饰。

中国园林常利用廊划分景区,有透有障,可增加空间层次,能使空间有对比变化。廊的形式很多,如直廊、曲廊、复廊、爬山廊、涉水廊、双层廊、万字廊、花廊、游廊等。直廊以一长廊贯通,中间无曲折变化。如北京颐和园前山长廊,总长728米,是我国古园林中直廊类的魁首。廊的造型可直可曲,最为灵活,但一般以曲为妙,“廊宜曲宜长则胜”,曲廊或随形而变,或依势而曲,多出现于江南园林中,如苏州拙政园的柳荫复曲廊。复廊系并行之廊,两廊间多隔以漏墙。这种廊既分隔园内空间,又能互相通透,使园景有层次变化,如苏州怡园的复廊。爬山廊有联系山上山下的建筑功能,不仅使山路有建筑覆盖,而且通过自身起伏变化,丰富园林景色,如建筑在北海琼岛山坡蹬道上的看画廊。涉水廊是临水所筑之廊,如苏州拙政园西部波形廊,但也有跨水面建筑的,对丰富水面层次有特定作用。双层廊又称阁道,是用在楼阁建筑之间的双层通廊,其功能是连楼阁于一体,可增加建筑的感应气氛,如北海公园漪澜堂与道宁斋间的两层廊等。万字廊,是专以廊组合而成的观赏建筑,如北京中南海万字廊及过去圆明园“万方安和”都是用廊组合而成的。

(4)桥

中国园林是以山水取胜,园内交通不可无桥。园林小桥既能方便游客跨越园林中水体,也能连接风景点、点缀景观,增加园林自然情趣之用。另外,小桥还可以丰富水面的层次。所以桥的形式以配合环境为园境增色者为佳。常见的有曲桥、拱桥、亭桥等。

曲桥:一反普通交通用桥的要求,故意在水面上曲折而过,以增加长度,便于浏览水景,加长游客赏景时间。南方园林中用曲桥处很多,因其桥体不大,用石柱、石梁上架板即可,如九江甘棠湖上通烟水楼的曲桥等。

拱桥:利于水面通船,拱桥倒影映在水中,形成特殊景色,造型宛如玉带,比较优美,如颐和园玉带桥等,江南各地湖上园林随处可见拱桥。

亭桥:园林中为了打破水面与堤岸横线构图的单调,需要加以点缀,常在桥上建亭子,如颐和园西堤上的所有亭桥,扬州瘦西湖上的五亭桥等。

(5)塔

浙江是多塔之省。因用材不同有石塔、砖塔、铁塔、砖木混合塔、琉璃塔之分;外观上有圆形、四方、六面、八面的不同;因地理环境和历史发展的区别,形成了单层、密檐、楼阁式、喇嘛式等多种塔型。在佛教中塔原具有坟的性质,最初是释迦牟尼圆寂火化后有八国国王分取舍利,建塔供奉。其后,塔中所藏为教中高僧舍利或佛经,成为佛教徒的一种拜物,故又称佛塔、宝塔。在缅甸,塔是寺庙的中心,大塔四周围绕许多小塔,建有佛堂。我国寺庙最初也有过这样的形制,但到唐代时很快发展成以殿堂为中心的布局,塔安排在侧翼或后院。我国塔大体分两类,初期为实心塔,不能登临远眺,仅是象征性的纪念物,如嵩山的少林寺塔林;继而为楼阁式,或位于江河之滨,或位于崇山之巅,或围封古刹之中,高大的外形与重叠的楼阁,与寺庙原有高层楼阁或亭台形式相结合,显得体态匀称,形式整齐,如杭州六和塔。喇嘛塔从元代传入中国,经明清有所发展。如北京北海的白塔,其形制为折角形束腰式须弥座，上置金刚圈，托扁圆形塔肚，再托锥形柱，周套重围，称“十三天”，再加宝伞及塔顶，周身洁白形似花瓶。

二、壮美与秀美的结合

“凡园圃立基，定厅堂为主”。园林是把建筑艺术变相地应用于现实的自然环境，巧妙地处理形与神、景与情、意与境、虚与实、动与静、真与假、有限与无限、有法与无法的种种关系，使其融于自然，表现自然。现代西方流行“为人而不是为物的建筑”，中国园林正是创造出一个“便于人的活动更富有快感的环境”。

南京瞻园以苏东坡“瞻望玉堂，如在天上”取意，建筑面积达 4260 平方米，是南京仅存保持完好的明代古典园林建筑群，属皇家园林，总体布局以山水为主体。有石坡、梅花坞、平台、抱石轩、老树斋、北楼、翼然亭、钓台、板桥、梯生亭、竹深处等著名十八景，享有“金陵第一园”的美誉。主要建筑“妙静堂”是鸳鸯厅建筑，它位于中部偏南，自然地将园林分为南、北两区，南部的建筑格调清新淡雅，小巧玲珑，常用于接待女宾；北部的建筑格调粗犷豪放，雄奇伟岸，常用于接待男宾。这种同一建筑风格迥异的现象应该不和谐，但由于自身体量的巧妙和周边环境的匹配，因而壮美与秀美比照鲜明，宛若天成。如楹联所言，一表豪放，“大江东去浪淘尽千古英雄，问楼外青山山外白云何处是唐宫汉阙？”这是从功业角度，说明英雄当以国事为重，建功立业为能。一表柔情，“小苑春回莺唤起一庭佳丽，看池边绿树树边红雨此间有舜日尧天。”这是从天伦角度，说明无情未必真豪杰，天伦之乐、游赏之趣亦是人生乐事。

三、动观与静观的结合

中国园林，特别是规模较小的园林，布局的基本方式是：山—水—建筑。建筑面对山水，既突出了山水景观，又获得了良好的观赏条件。建筑集中布置，既使自然空间开放、明朗，宜动中观；又使建筑空间封闭、曲折，宜静中观。有动有静，形成对比，实用功能与艺术观赏两方面兼顾。

苏州留园为清代园林，结构紧凑，富丽堂皇，每一处建筑都别具匠心，动静方面处理极有特色，如从门厅到中部花园入口处的腰门，是一条50多米的过道，这是给游人“动观”的。这条过道上，先有小天井，用以采光、通风及漏水。天空的云朵，飞翔的小鸟给静态的建筑增添动态的生气。天井后是轿厅，过道之后是两个蟹眼天井，种一些瘦竹，给昏暗的过道引些许亮光。然后又是天井，花台上种玉兰、桂树、石笋，暗寓金玉满堂之意。此时到了敞厅，这里大小、明暗、放收处理得恰到好处，点到人心。

石林小院，则以石额点明“静中观”，因该院南北长仅29米，东西宽不过15米，不足500平方米的空间，园主居然将其隔成6个小院，互相沟通。这种布局层次丰富，院外有院，景中有景，因此给人感觉是院越隔越大。主建筑“揖峰轩”，红木菱花门窗上蝙蝠、金钱、万字图案精美；轩内有两桌，一桌围棋棋盘，一桌象棋棋盘，此地小桌子形同七巧盘，可分可拆，小方桌可院中拜月，亦可墙角放花盆、茶具。静坐轩中，静心观赏，胜境妙不可言。

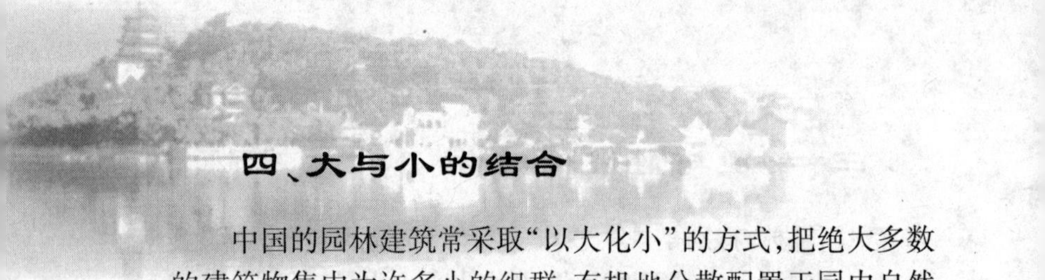

四、大与小的结合

中国的园林建筑常采取“以大化小”的方式，把绝大多数的建筑物集中为许多小的组群，有机地分散配置于园内自然空间内，从而创造了一系列丰富多彩、风格各异的园林景观。如圆明园一百多景，就是山复水转，层层叠叠的上百处自然空间，每个空间都经过精心的艺术提炼加工，体现某种特定的意境，形成一座座独立的小型园林，“园中有园”，“景中有景”。这些园景变化多姿，各有其妙。或背山面水，如上下天光，镂月开云；或左山右水，如柳浪闻莺、接秀山房；或面湖临溪，如淡泊宁静、九孔桥；或叠石临湖，如杏花春馆、紫碧山房；或前有山障后临阔水，如湖水连望、一碧万顷；或山间环抱，如武陵春色等，丰富多彩，美不胜收。

寄畅园仅 0.9 公顷，却以山麓别墅园林而著称，从王羲之“寄畅山水荫”取意。该园大与小结合得很好，它是锡惠公园的园中园。其中秉礼堂又是寄畅园的园中园。它采取“隔景”之法，将园林大空间隔成若干个小空间，每一空间都进行精心布置，使之各具个性，面积虽不到一亩，却有厅堂、碑廊、水池、花木、石峰，互相借景，精在体宜，无论从何角度去看都是天然图画。可贵的是它尽管自身体量小，但善于借景，在锦汇漪前，仅一个大水池，但锡山顶上的龙光塔既在视廓之内，倒影又在水池之中，不可即却可望，造成游人的错觉，以为此园天高地阔。而八音涧则是幽深、狭窄的空间，处在锦汇漪之旁，长 36 米，深 2.6 米，宽则从 0.6 米到 4.5 米不等，但将二泉泉水通过暗渠导入涧中，化为流水之叠，人在涧中行，水绕脚边走，倾听泉水叮咚，体会明月清风，虽抑制了一线情绪，但到锦汇漪时豁然开朗，一瞬间天地开阔。先抑后扬，以“藏景”弥补其小，又以“借景”开敞其大，使人体会到中国造园之法中“景愈藏则境界愈大”的妙处。

五、虚与实的结合

德国大诗人歌德说过：“建筑是凝固的音乐。”其实建筑之中不仅有音乐而且有诗画。中国园林建筑不论平面立面都非常重视音乐、诗歌、绘画韵律的组合，不仅有序曲、前奏、高潮、尾声，还有高、低、虚、实、扬、抑的照应。比如瘦西湖小金山麓有一组建筑——琴棋书画轩。琴室临水而建，门前垂柳依水，古人常在此水面弹筝，对联是“一水回环杨柳外，画船来往藕花开。”一派“杨柳岸晓风残月”的意境，此是春景。棋室前为一株老梅，室内两方棋盘，冬日阳光透过腊梅，花影溢香，在其中品茗对弈，岂不应了“宝鼎茶闲烟尚绿，幽窗棋罢指犹凉”的佳话，此为冬景。木樨书屋置身于木樨（桂花）之中，书房内多宝架书卷溢彩，纸墨生香，这是秋景。造园者构园造景时，巧妙地突出琴棋书，而画室却无。但当你顺着琴室、棋室、书屋的走廊向前时，自然就到了月观。构园者深知文人通过赏月才能诗情大发，而扬州素有“天下三分明月夜，二分无赖是扬州”之说，于是面东临湖建水榭式建筑——月观。每逢望月，文人雅士在此吟诗作赋。尤其是中秋之夜，木樨盛开，打开月观后窗，天边东升皓月，悬挂柳梢，与湖中月影相互交辉。水明、灯明、月色明，茶香、酒香、木樨香。此时你才恍然大悟，原来琴棋书是明设，画是暗点，如果有画室反而索然无味了，只有前实后虚，才为人们留下想象的余地，这正是诗画中虚实结合、以虚补实手法在园林中的运用。

六、主与从的结合

有主有从是艺术创作的一般规律。主从分明才能有重点、有中心，平铺直叙必然平淡乏味。园林创作也是这样，在大的自然风景区中，自然山水的骨架已为人们安排好了景观上的主次关系，因此，园林规划与建筑布局的任务在于使主景更加突出、醒目，次要的景观各得其所，主次之间彼此呼应、连贯，相得益彰而组成园林艺术的整体。在小范围内造园，为丰富景观效果，也要使景区有主有次，建筑物有主有从，以形成有特色和重点。如苏州虎丘处处注意主和从，沿游览山道西侧顺山势建有拥翠山庄、台地小园林，路的尽端有一片开阔岩石台地，北部有陡峭的峡谷、山涧、剑池，沿山坡上下，依势建有石亭、粉墙及其他游赏和寺庙等建筑物，建筑处于自然景观之间，成为一处处亮点，而山巅高处耸立着八角七级的云岩寺塔（即虎丘塔）作为结束，其造型雄浑古朴，形象突出，控制了整个园林景域，很自然地成为全园的重点和高潮所在。

七、中与西的结合

中国传统建筑有中西兼容并包的文化特征。园林中楼阁塔、密檐塔的出现显然是中国固有建筑文化和印度建筑文化融合的结果。元代喇嘛教建筑在中原兴盛起来，中国传统建筑文化以兼容并存的形式再次扩充它的构成：北京妙应寺白塔是当时尼泊尔工匠设计的，后来它的倩影又在北海琼岛重现，成为北京的标志之一。承德的外八庙更是典型的多种建筑文化融合的结晶。颐和园的石舫，名为清晏舫，原有中式舱楼，被英法联军烧毁。光绪十九年（公元1893年）改建成洋式舱楼，两侧加两个机轮，舱楼为木结构，花砖铺地，镶五色玻璃窗，别具情趣。

我国大量庙宇，在彩绘、雕塑等多种装饰乃至建筑外观上，似乎并不一定遵循某一种宗教主题。如在道观中塑有佛教人物形象，在孔庙里出现了佛、道甚至民间传说人物等，这些均是中西包容观念的反映。

圆明园包括长春园和绣春园（即万春园）在内，通称圆明三园，是世界上无与伦比的园林建筑的奇珍，也是我国古典园林艺术发展的高峰。三园外围周长约10公里，面积总计近312公顷。这里原是明代故园，康熙四十八年（公元1709年）赐给皇四子胤禛（即后来的雍正帝），占地18公顷。雍正即位后，从1725年起大事兴建，扩大到180公顷，造景28处。乾隆即位后继续扩建，到1745年又造景40处，命宫廷画家按景绘图，并亲自题诗，从流传到现在的图和诗可以想见圆明园当时的盛况。以后嘉庆时收并了西面几个赐园，道光皇帝又陆续兴建，从创建以来经过150多年的建设，形成了惊人的巨大规模。三园共构筑各类木石桥梁100多座，风景点140多处，楼台亭榭、轩廊馆阁等建筑面积计16万平方米，比故宫还多1万平方米。它不仅继承发展了我国传统的园林建筑艺术，还包括了西洋建筑的特色。乾隆在1760年按欧洲巴洛克形式建成大水法十景，俗称西洋楼。园内建筑陈设豪华，并收集了全国罕见的文物、珍宝和图籍。所以当时欧洲的有关文献盛赞它是“万园之园”、“人间天堂”、“一切造园艺术的典范”。这十景包括谐奇趣、大水法、海晏堂三组大型喷水池在内的特殊景区，为我国园林艺术发展增添了新的色彩。

圆明园通过法、意等国传教士王致诚、郎世宁、蒋友仁诸人的信函来往被介绍到欧洲，18 世纪的欧洲园林建筑，正流行着严求中轴对称、匀齐的规则式的所谓“勒诺特”风格和单纯抄袭、模仿自然环境的所谓英国自然式风格。当圆明园的独特宫苑园林风格传到欧洲，犹如空谷足音，引起强烈反响。法国传教士王致诚在一封著名的信中详尽地描绘圆明园后说：“中国人在建筑物方面所表现的千变万化、复杂多端，我唯有佩服他们的天才宏富。和他们比较起来，我们不由不相信，我们是又贫乏、又缺乏生气。”他批评勒诺特风格的极端程式化，反对那种“什么地方都需要划一和对称，不许有独立自主的东西”的建筑风格。英国皇家建筑师张伯斯对中国园林艺术也高度推崇，他两度游历中国，回国后著《东方园林》一书，介绍中国园林艺术，他还为肯特公爵设计了欧洲第一座所谓“中国式园林”，成为冲击勒诺特式风格传统的一股潮流。

第七章

中国园林的花鸟艺术

一、花鸟文化是园林的主要内容

马克思说，“植物、动物、石头、空气、光……都是人的精神的无机自然界”，都是“人的无机的身体”，亦即自然就是人，人也就是自然。这种天人双向交融的园林生活是“自然的人化”，是“人的自然化”，也就是人向自然的回归。

我国是花的国度，素有“世界园林之母”之称。而园林主要内容之一即是花，花是美的象征，赏花，是美的享受。我国幅员辽阔，动植物资源十分丰富，春光融融，桃红柳绿，牡丹富贵，芍药娇艳；夏日炎炎，荷花亭亭，茉莉香浓，紫薇凌风；秋风阵阵，菊傲霜霰，丹桂飘香，海棠美妍；冬雪飘飘，寒梅吐蕊，水仙凌波，天竺绽果。

我国人民历来有莳花种草的习惯，不断地发现，又不断培育良种，目前已有被子植物25000种，裸子植物240种，形成今天春夏秋冬四时鲜花开不败的景观。梅兰竹菊百种佳卉，乃至水中的花——鱼、空中的花——鸟、草中的花——虫，这些花卉装点着园林环境，成为最有吸引力的旅游资源。在长期培育中，人们又把花鸟虫鱼由自然的淘汰，变成人工的驯化，于是花木有了盆景，鱼有了金鱼，鸟有了笼鸟，虫有了盆虫，这正是对花鸟虫鱼的精化、雅化、艺术化。自然界自生自灭的动植物，登堂入室，成为座上宾，成为玩物、宠物。艺术家是不甘寂寞的，书法、绘画、雕塑、工艺、建筑无不以花鸟为题材，为我们留下艺术的瑰宝。而文学家们更是在园林中对花流泪，见鸟惊心。

可以说无论是从多样性还是从特色性上看，花鸟文化都已成为我国的园林资源重要组成部分，既然人们如此多情地爱恋竹石、鸥鸟、荷花、林泉、山岭、麋鹿……如此希望形影不离，把它们当作好友、知音、心灵的安慰，那么，在园林中，就必然不会去惊扰它们，触犯它们，伤害它们，一句话，就必然不会去毁坏自然；相反，必然会关怀备至地善待自然，善待生命乃至善待地球。中国园林里的树木不像西方园林那样，修剪加工成齐整一律的几何造型，也不像西方园林那样，“把大自然改造成为一座露天的广厦”，深层的原因、哲学根源是要“辅万物之自然而不敢为”(《老子》)，是遵循“万物不伤，群生不夭”(《庄子》)的顺应自然、不干预自然的原则。

二、园林景观中植物的配置特点

(一)多彩多姿的花草树木

园林的起源与人类对植物的利用、栽培联系十分紧密。随着历史的推演，造园的要素不断丰富和发展。园林的规模有大有小，材料有多有少，但都离不开树木花草。中国园林，特别是私家园林，虽然花草树木比重不大，但却是构成园林景象必不可少的要素。花草树木与园林不可分割，离开了树木花草也就不称其为园林艺术了。

从古籍记载中可以看出，古代园林中的草花种类还是很多的。清人《广群芳谱》记载中国园林用花达187种，其中草花，如菊、兰堪称植物文化的代表品种，传诵与赞赏之词数不胜数。古典园林中除室内外陈设外，极少用于花坛、花境，草花用量也就相应很少。即使在园林中使用，也是宿根花卉或是自播性很强的种类，如凤仙花、紫茉莉等。但当时园林中苔藓类植物却如同现代园林中的草坪植物那样普遍，尤以历史较久、空间较小、人类活动不频繁的山林局部生长最多。苔藓类植物象征了清幽，顺应了隐逸文化的需要，所以备受士人的喜爱。

中国除了用本国的花草木树来装饰园林外，还接纳蕴含外民族文化的外来花木。唐、宋两代是中国引种观赏植物的昌盛时期。如齐墩果、波斯枣、阿月浑子、波斯皂荚、安息香树、菩提树、悉弭（素馨）与白末利（茉莉）等果树、花卉和园林树木均在隋唐时期自波斯引入中国。明、清两代还逐步从日本、美国，东南亚、欧洲等引种观赏乔木、灌木、多年生或一二年生草本植物及温室观赏植物。中国现今园林普遍栽培的如南洋杉、花柏、日本扁柏、池杉、落羽杉、雪松、广玉兰、菩提树、印度橡皮树、悬铃木、日本樱花、大叶黄杨、紫叶小檗、石榴、无花果、茉莉、葡萄、洋紫荆、香石竹、君子兰、金鱼草、三色堇、矮牵牛、荷兰菊、郁金香、美人蕉、唐菖蒲、西洋杜鹃、西洋常春藤、现代月季等都是从国外引种成功后推广开来的。

（二）植物造园的作用

1. 突出园林个性主题

植物是造园的一个基本要素，是构成各种园林景观所不可缺少的。小到一个园林中有些景点是以植物命题的，如

"柳浪闻莺",种植大量柳树来烘托主题;"曲苑风荷"则种植大量荷花来烘托主题。大到一个城市的总体园林风格,古人说:"明湖一碧,青山四围,六桥锁烟水。"将杭州西湖风景一下子勾勒了出来。从"六桥烟水"四字,必然使读者联想到西湖的杨柳,拂水依人;"绿杨城郭是扬州","白门杨柳好藏鸦",都是说像扬州、南京这种城市,正如西湖一样以杨柳为其主要绿化物。其他如黄山松、栖霞山红叶,也都各有其绿化特征。

2. 完善建筑物的功能

绿化与建筑的密切结合,也是我国园林的一个优良传统。以植物的种植来起到分隔空间或创造安静休憩的小空间的作用等。无论是居住、宗教、宫廷的园林建筑,自然的花木景物被引入到人工的建筑环境之中,使建筑与庭院绿化相结合,显得生气盎然,也形成了人与自然的亲切交往。《园冶》上说的"梧荫匝地,槐荫当庭;插柳沿堤,栽梅绕屋;结茅竹里",就是对这种气氛的具体描述。

3. 增添园林气势、情趣

我国的许多私家园林,很注意保护原有的百年古树,有的完全以古树为依据,开山造屋,规划园林。因为高大成片的林木,古木交柯,雄健挺拔,浓郁如盖,更增添了山林浑厚苍劲的气势和园内深邃幽奇的情趣。有时园内的树木与园外的绿化有意识地连成一片,造成园外有园,山外有山,树外有树的自然气氛。

4. 形成时空的季候感

树木葱茏,繁花似锦,方能显出园林的秀媚。园林中总是栽种能够室外生长的花木,以造成春有花,夏有香,秋有果,冬见绿的效果，松柏之苍劲，翠竹之潇洒，杨柳之多姿，海棠之富贵，兰花之典雅给人们带来多种审美感受，营造出良好的生态环境，也赋予建筑物以时间和空间的季候感。植物的四季变化与生长发育，使园林建筑环境在春、夏、秋、冬四季产生季相的变化。比如杭州，地处亚热带的北缘，植物丰富，四季分明，一年四季花开不断，色彩、形状、香韵应时而变，春兰、夏荷、秋菊、冬梅，鲜花馥郁，沁人心脾。且具有区域个性特色，如孤山秋鹤亭的梅花，满堂陇的月桂，花港观画的牡丹，九里松的黑松，黄龙洞的竹林，等等，花木和建筑融为一体，各呈异姿。再比如广东晖园，以四时不谢之花与八节长青之草互相掩映，这里有许多珍贵的季节花木，如春天的玉堂春（又名木兰），花大如碗，晶莹若玉，白蕾点点，芳香四溢。此外还有罕见的夏日的百年紫藤、龙眼、米兰，秋日的银杏、九里香、佛肚竹等，置身其间，令人产生浓厚的季候兴趣。

5. 协调建筑与周围环境

丰富建筑物艺术构图，以植物柔软、弯曲的线条去打破建筑平直、呆板的线条；以绿化的色调去调和建筑物的色彩气氛；使建筑物突出的体量与生硬的轮廓"软化"在绿树环绕的自然环境之中。花木之所以成为造景的重要素材，是因为它在造型与色彩上的特点。屋宇、山石的造型线条都比较硬、直，而花木的造型线条却是柔软、活泼的；山石、屋宇是静止的，水、云是流动的，而花木有风则动，无风则静，处于动静之间；同时花木又是有生命的，蓬蓬勃勃不断生长的，在色彩上，它又有季节性、有变化性。因此，把花木这种柔软的、生长变化的、动静相兼的"素材"穿插、掩映于山石、屋宇之间，就必然能获得生动的景观效果。

6. 注重朴实疏落自然

中国园林在植物的布置手法上,重朴实疏落,反映自然界中植物的自然景观;忌矫揉造作,不用成行成排、规则种植,更见不到如陈列品似的摆布树团、树群。明代造园家文震亨在《长物志》中曾说:“……必以虬枝古干,异种奇名,枝叶扶疏,位置疏密。或水边石际,横偃斜披;或一望成林;或孤枝独秀。”要因地制宜,随天然环境,任其自然。建筑与绿化的配合,有时以建筑去配合树木,也有时以树木来配合建筑,均依据具体情况以构成美丽的景观为目的。在以绿化配合建筑时,不仅注意其色彩与品种,更得注意它的造型,注意树木枝干线条与建筑造型的搭配。建筑掩映于绿林之中,使之藏而不挡视线,露而益显风采,保持大部分建筑轮廓“溶化”于绿色丛林之中,控制在山际林冠线之内,“杂树参天,楼阁碍云霞而出没;繁花覆地,亭台突池沼而参差”(《园冶》),宛自天然,不落斧凿。

三、园林艺雕盆景艺术

盆景有无声的诗,立体的画,有生命的艺雕之称,缩龙成寸,以小观大,达到“一勺则江湖万里,一石则太华千寻”的效果,是园林布置的重要内容。

我国盆景历史悠久,七千年前新石器时代的浙江余姚河姆渡遗址便出土过刻画在陶片上的盆栽植物图案,表明盆栽历史以及植物人工栽培历史的悠久。唐代时,盆栽技艺相应有了发展,宫廷中以此为装饰观赏,如乾陵章怀太子李贤的墓中即有侍妇手捧盆景的壁画。同时,文人开始摆弄盆景,如王维即喜欢养盆景,李贺诗中还有描写盆景的诗。宋代时“盆景”一词首次出现，苏轼文中有“芭蕉初发分种，以油簪横穿其根二眼，则不长大，可作盆景”，他本身也是盆景迷。明代盆景艺术大盛，我国现有的盆景中即有明代的精品，如扬州的驸马柏，苏州“秦汉遗韵”的圆柏，据说都有五百多年的树龄。清代，盆玩之风大盛，凡园林必备盆景，此时盆景大致成熟与定型，并形成了各异的风格和纷呈的流派。

现今人们将中国盆景中的树桩盆景，分为扬派、苏派、岭南派、海派、川派五大流派。以广州佛山为代表的岭南派，制作树桩盆景重剪裁技巧，截枝蓄干，重整体构图布局，造型或苍劲雄浑，或潇洒轻盈，富有山林野趣，形似大树的缩影，追求回归自然，减少斧凿痕迹，且表现刚劲挺拔、飘逸豪放的意境。川派即四川成都派，常以春梅、蜡梅、罗汉松、刺柏、海棠为材，既有自然式，即保持树桩的原型，使其更加天然风趣，饶有画意；又有规则式，或平枝式，或半平半滚，或滚枝式，都能发挥树桩自身之长，又能夸大其长，且不露“做手”，使之苍古雄奇，越老越茂，越老越奇，姿态完美，别具一种美态风姿。以江苏扬州和南京为代表的扬派，以松、柏、榆、杨为主要树种材料，桩景造型结构严谨，扎枝成片，讲究攀扎技巧，有所谓一寸三弯的扎法，特点是层次分明，讲究诗情画意，舒展得势，虚实相生。以江苏苏州，上海，浙江杭州等地为代表的苏派，桩景造型兼有岭南派和扬派所长，剪扎并用，配合恰到好处，使桩景层次分明又生动活泼，明快流畅。除岭南派、川派、苏派外，还有徽派、海派、广西派、福建派、北京派、浙江派等，这种流派纷呈的局面表明了我国盆景艺术日新月异，发展蓬勃。

综观全国诸多流派盆景，可寻求其共同规律，盆景之成为艺术，既有悠久历史可以自豪，又长于不断创新值得称道。它收天地于一盂，包四季于方寸，争奇斗胜，代有人出，这种造型艺术、布局、形象、色彩、主客、韵味又因时因地因人而异，南北分野，流派纷呈。可以说这是一种人类的共同美，符合孟子所说“口之于味，有共嗜焉”。就传统而言，“参照画意”、“借助诗情”、“模仿园林”，它汲取众多艺术之长，而盆景造型技巧，如“一寸三弯”、“一波三折”、“方拐”、“游龙”、“滚龙”，看起来各自标新立异，实际上都是“S”形或圆形在起作用，“最美的线是波状的线条，它体现了一种反复，一种变化统一的规律”（英国美学家霍加斯），认识盆景的美，将盆景美化为旅游资源，使游客受到美的教育、得到美的愉悦是我们的责任和义务。

四、园林情趣茶饮、茶景

（一）茶史

茶，是中国传统饮食文化的瑰宝，是我国对世界饮食文化的一大贡献。茶是我国的原生、特产植物。《神农本草经》说：“神农尝百草，日遇七十二毒，得茶而解之。”这是关于茶事起源的最早传说，不过《神农本草经》并非“神农氏”所著，而是后人托其名而言事罢了。一般认为对茶的确信的记载是约与《神农本草经》前后问世的，我国最早的一部字书《尔雅》，其云：“槚，苦荼。”晋人郭璞在注中说：“此树小似栀子，冬生叶可煮作羹饮。今呼早采者为荼，一名荈；晚采者为茗，一名荈，蜀人名之苦荼。”可见时人对茶已有相当的了解。因此，至少在汉代或此前，祖先对茶已有了一定的认识，最起码是对茶的药用功能有了一定的认识，而“茶药”曾是古代流行的对茶的称谓。《神农食经》有“荼茗久服，令人有力悦志”。

华佗说:“苦茶久食益意思。”《广雅》云:“其饮,醒酒,令人不眠。”有引证陆羽《茶经》引《晏子春秋·内篇杂下第六》“晏子相齐景公,食脱粟之食,炙三弋五卵苔菜耳矣”之“苔菜”为“茗菜”,而认为春秋时代即有饮茶之俗者,不过尚需更可信的证据。虽说唐代以前极少有人言“茶”,唐代陆羽写《茶经》时,才将前人所言之“荼、槚、蔎、茗、荈”等归之以“茶”;但茶作为饮料在西汉时的西南地区已成风尚是有确凿证据的。汉宣帝时的辞赋家王褒在《僮约》中言明:“……烹茶尽具……武阳买茶。”另外,清代褚人获在《坚瓠集·坚瓠广集》卷三中亦证明,西汉时已有啜茶之说。饮茶之风在全国逐渐流行,并成为中国人的开门七件事“柴、米、油、盐、酱、醋、茶”之一,则是隋唐之间的事情。一般认为,唐代北方茶风的兴盛源于泰山僧人的讲经打禅,唐代封演《封氏闻见记》云:“……南人好饮之,北人初不多饮。开元中,泰山灵岩寺有降魔师大兴禅教,学禅务于不寐,又不餐食,皆许其饮茶,人自怀挟,到处煮饮。从此转相仿效,遂成风俗。”

(二)茶饮

茶饮现在已成为中国人日常生活中的重要内容。茶事极为兴盛,“茶馆”、“茶楼”已融入了所有园林。林语堂先生曾说:“饮茶为整个国民的日常生活增色不少。它在这里的作用,超过了任何一项同类型的人类发明。饮茶还促使茶馆进入人们的生活,相当于西方普通人常去的咖啡馆。人们或者在家里饮茶,或者去茶馆饮茶;有自斟自饮的,也有与人共饮的;开会的时候喝茶,解决纠纷的时候也喝,早餐之前喝,午夜也喝。只要有一只茶壶,中国人到哪儿都是快乐的。这是一个普遍的习惯,对身心没有任何害处。不过也有极少数的例外，比如我的家乡，据说曾经有些人因为饮茶而倾家荡产，这只可能是由于喝上好名贵的茶叶所致，但一般的茶叶是便宜的，而中国的一般茶叶也能好到可供一位王子去喝的地步……我毫不怀疑它具有使中国人延年益寿的作用，因为它有助于消化，使人心平气和。”只不过，今天茶事的内容比之林语堂先生生活的时代要丰富多了，尤其在江浙一带，园林中的茶室、茶座更是受到中外游客的异常青睐。

（三）茶景

以龙井村为例，一进杭州九溪十八涧，顿觉神爽目明，这里群山奔涌，茶竹遍地，碎石铺成的小路，前不见头，后不见尾，弯弯向山中伸延。不多远，便是一条小溪越路而过，看一眼溪水，清澄见底，细石冲刷得一尘不染；捧一掬甘泉，醇香可口，心脾顿感欢娱舒畅；听一阵泉鸣，悦耳动听，群山林涛和鸣回应。正如清代学者俞樾所赞：“九溪十八涧，山中最胜处。”龙井就在九溪的尽头，满眼碧绿，竹绿得翠，茶绿得油，松绿得苍，草绿得鲜。

龙井村处处皆是胜迹：神运石、涤心沼、一片云、龙泓涧、风篁岭、过溪亭、翠峰阁、方圆庵，这就是乾隆题的“龙井八景”，真是山好，水好，茶好，竹好。龙井有两口，老龙井井圈上有“龙泉”二字；下龙井即在龙井寺，巧石堆塑的苍虬的龙头，张口处，涌淌着龙井泉水，泉水仿佛是苍龙的口涎。那水真奇，用小棍轻轻一搅，水面出现一条蠕动的由外向内的分水线，像游丝一样摆动，渐渐缩小而终于消失，游人争着用木棒搅动泉水，似乎从中领略到苏轼“下有万古蛟龙潭”的诗境。

龙井旁即龙井茶室，青瓷龙杯，绣龙台布，游龙窗帘，真是龙的世界，素雅、清新、和谐。奉茶的姑娘满面春风，问要

"狮、龙、云、虎"哪种茶,狮即狮峰,龙指龙井,云为云栖,虎是虎跑,客人正为难时,姑娘热情介绍:"龙井名茶,狮峰为最。"原来乾隆曾登上龙井、狮峰之巅,寻找龙脉,并亲自封龙井"胡公庙",前王氏园中所植的28株茶树为御茶。在龙井放眼望去,只见层峦叠嶂中,涧溪纵横,茂林修竹间,茶树遍坡。一蓬一蓬,一层一层,笼罩在氤氲雾气之中,叶绿如油,清香飘逸,宛然一片绿透的茶海。淡妆素抹的茶花女好像是一片片彩霞,从天外飞来,冉冉落到碧翠丛中,姑娘摆动纤巧的双手,哪里是采茶,分明是翩翩起舞。

五、千姿百态的观赏鸟

鸟是人类的朋友,它是大自然的美妙歌手,又是嗜食害虫的益鸟。我国野生鸟类有一千多种,其中有一百多种欣赏鸟已成为园林的重要资源,深受海内外宾朋喜爱。我国历来对观赏鸟有要求,《花镜》中说:"枝头好鸟,林下文禽,皆足以鼓吹名园,针砭俗耳。故所录之鸟,非取其羽毛丰美,即取其音声娇好;非取其鸷悍善斗,即取其游戏绿波………"

按照上述标准,我国的鸟类具有观赏价值的有林禽、水禽、猛禽。

(一)水禽

水禽中鸳鸯、丹顶鹤、天鹅最为人们喜爱。鸳鸯雌雄异色,繁殖在东北,越冬在福建、台湾等地,为国家二级保护动物。它可随处栖息,溪流、沼泽、湖泊皆是它们生活的场所。它羽毛美丽,尤其是雄鸟,羽毛华丽绚烂。它们多成双成对,人们以为其偕老白头,其实这是一种误解,雄鸟在越冬地寻找配偶,4月至7月回到繁殖地交配后,雄鸟离去,由雌鸟独自在水边面水的高树洞中营巢，产卵6～10枚，孵化期28天左右，然后小鸟随母亲生活，秋季随母鸟集群南飞。由于有关鸳鸯的传说优美，所以从西汉起鸳鸯即被人工饲养，至今沿袭，一般园林中皆养鸳鸯，“翠翘红颈覆金衣，滩上双双去又归。长短死生无两处，可怜黄鹄爱分飞”。天鹅，我国产三种天鹅，在内蒙、东北等地繁殖，在长江中下游越冬，它喜欢在岸边水生植物丰富的湖泊和沼泽地栖息，在宽阔的水面长距离滑走和漂浮，冬时结数百成千大群，鸣声似喇叭。成群天鹅悠然游弋于碧波之上，洁白如云，十分美丽，而它又是飞得最高的鸟类之一，因而成为纯洁、善良、高尚的象征，古人即有“鸿鹄相随飞，飞飞适荒裔。双翮凌长风，须臾万里逝。”（阮籍）

（二）林禽

林鸟中百灵是美丽的鸟，分布在我国内蒙、河北等地，栖息于草原，春时分散，秋后集群生活。百灵很美，眼部有一条从眼线一直到脑后的白眉，颈有明显的黑领圈，顶羽紫褐色，鸣声音韵婉转，嘹亮持久，尤其是雄鸟，鸣声多啭，还能效仿各种动物叫声。芙蓉鸟，又名白玉鸟、金丝雀，体羽有黄、白、橙、红多色，雄雌同色，羽色美丽，体态优雅，鸣声婉转动听，惹人喜爱。孔雀，栖居在海拔2000米以下开阔的稀林草原地带，常一雄多雌活动。雌雄异色，雄鸟头上有一簇冠羽，呈翠绿蓝色，尾部复羽特长，长达160厘米左右，分布在我国云南南部，数量稀少，为国家一级保护动物。它两脚强健，奔跑如驰，能飞翔30米高，几百米远。春季求偶时，雄鸟尾部复羽上翘“开屏”，两翅下垂，羽梢振颤。

笼养林鸟，观赏养鸟过程也是亮丽的风景线。我国北京、浙江、江苏、山东都有笼养鸟雀的习惯，鹦鹉、乌凤、秦吉了、鸲鹆(八哥)、鸽、画眉、黄头、巧妇鸟、护花鸟等都是百姓喜欢的。北京、上海、南京、扬州、苏州都有鸟市。这些地方鸟类品种繁多,金丝雀、画眉善于鸣唱;百灵、云雀能歌善舞;八哥、鹦鹉模仿人言;娇风、八色鸟羽毛艳丽;喜鹊、相思寄托情思;黄雀、蜡嘴还具有衔牌做戏的特技。鸟笼或方形或柱型或鼓型,青竹篾打磨得光滑如镜。挂钩、笼底、笼门装饰精细典雅。养鸟工具,加水壶、加食匙、蛋米缸、水罐、鸟食筛子、取蛋勺子,或陶或瓷,或铜或银,甚至用象牙雕成,金丝嵌就。鸟食不可随便,百鸟百食,食谷类的得喂粟米、菜籽、谷子、小米,淘尽晾干,蛋清搅拌,马虎不得;食虫类的得喂蚜虫、椿象、甲虫、金针虫、槐树虫;八哥喜欢吃肉,而且要精肉。训鸟也是大学问,口传身授,代代相传,悟出了乐趣,总结出讲究,形成了风俗。

(三)猛禽

禽鸟打斗的表演,至今已成为园林旅游特色项目。如斗鸡,在世界很多地方盛行,如印度尼西亚的巴厘岛。其实斗鸡在中国古已有之,《左传》上就有记载,其时齐国临淄斗鸡成风,几乎无人不与,成为时尚。尤其是清明节,正值清寒,最宜斗鸡,韩愈、孟郊《斗鸡联句》云:“天时得清寒,地利挟爽垲。”现在北方集会之地,仍兴斗鸡之风。公鸡好斗成性,同类相逢,逼视不让,尤其是用于斗鸡的种鸡,更是凶狠暴戾。两强相见,鸡冠高翘,血眼暴突,嘴啄爪抓,场上尘土飞扬,羽毛散落,斗鸡不惜死活,相斗不休,场面惊心动魄。徐州民间斗鸡现今依旧红红火火,欣欣向荣,养、斗水平均居全国前列。1991 年 2 月 14 日北京举办的全国首届“龙潭杯”斗鸡大奖赛上,徐州参赛的 5 只斗鸡,一路过关斩将,所向披靡,经过 7 天

28 场激烈角逐，一举赢得团体冠军。徐州人让斗鸡这一形式再度向世人展示出当地百姓的勇猛与刚毅。

斗鹌鹑，鹌鹑头小尾短，雄性好斗，史载唐玄宗时，西凉人进献鹌鹑，鸣金击鼓，鹌鹑即随着节奏快慢进退趋止，争斗逐胜。斗鹌鹑最盛当是清代，时节是霜降以后，清葛元煦《沪游杂记》中有“沪上霜降后喜斗鹌鹑”。斗鹌鹑时，两鹌鹑嘴啄爪抓，交缠在一起，黑影一团，时而为一，时而为二，或如飞燕掠水，或似黑地昏天，场面十分精彩。

放飞禽鸟的乐趣，最常见的是公园广场信鸽比赛，几千只，甚至上万只善于长途飞行的信鸽，从各地拢来，编号同时放飞，一个个信鸽便凭借直觉灵气，回到原来城市，以回收时间先后决名次高低。当笼门启开，鸽子迅速升腾飞上高空，相互竞逐，渐渐地成一个个小的黑点，继而消失远方。最好的信鸽曾以 40 小时飞翔 1000 公里的记录创造了最好成绩。近日，许多广场、公园都推出了广场鸽游览项目，鸽与人和谐相处，停在游客手上吃食，陪客人摄影玩耍，在你身边飞来蹦去，一幅人鸟共乐的情景，人与禽的距离立即缩短了。

六、逗人喜爱的鸣虫

我国的昆虫历来是园林文化的重要组成部分，螳螂、纺织娘、蟋蟀、蜜蜂、蝴蝶、金铃都是人们喜爱的。

蟋蟀南北皆有，好的蟋蟀要求是个头大，宁津蟋蟀长约 4 厘米上下，最大达 8 厘米。头大、项阔、腰圆、体形高厚；皮色美，青虫、黄虫、红虫、白虫皆有名种，以皮色鲜艳，乌头金翅、乌头银翅，紫头青背，麻头青金翅为贵；叫口好，如银铃般脆，如钟声般悠长，如琴声有韵味。格斗本领强，好蟋蟀要有坚强的斗性与耐力。凶悍顽强，皮厚牙坚，两虫斗得筋疲力尽时能使出绝命口，落口极重，夺得最后胜利。我国蟋蟀文化发源于长江、黄河流域，南方以江苏、浙江、上海为代表，北方以京、津、河北、山东为代表。真正蟋蟀产地以山东齐鲁大平原闻名全国，又以宁津为蟋蟀王国王冠中的宝石，是为历代帝王斗蟋蟀进贡的名产地，又是当今斗蟋蟀之风盛行之地。1990年亚运会特设龙潭大江南北蟋蟀大赛，宁津蟋蟀出尽风头，有人还为其总结斗咬的类型——进攻型、防守型、防守进攻结合型，还有斗口分类——文口武口，细分为双做口、造桥夹、两拔夹、磨盘夹、链条箍、狮子抱腰、仙人躲影、黄头儿滚等，不仅国内旅客感兴趣，而且境外游客也有兴味。无锡堰桥吴文化公园每年举办全国蟋蟀邀请赛，规模越来越大，游客越来越多。

金铃，亦属蟋蟀科，长江南北为多。体长5毫米左右。触角长，最长可达40毫米。翅色金黄，身体黄褐。鸣声清脆似铃，平时右翅伏盖左翅，由两翅的音锉和刮器互相摩擦，振膜共鸣而发声。有趣的是雌雄虫共同相处，鸣声则轻幽如细语，两雄相遇，则互相引吭高歌。它一般一天能唱5个小时，2分钟一歇。蓄于牛角、象牙制成的小巧精致的盒中，聆听清柔如吟的鸣声，实在是一种野趣。

蝴蝶，蝶是昆虫中最美丽的一类，世界上蝴蝶14000多种，我国约有1300多种，它色彩艳丽，后翅有尾坠，姿态十分秀美。蝴蝶大小皆有，小不足厘米，大可达30厘米，广泛分布在我国温热带地区。由于蝴蝶在日光下追逐求偶，雌蝶放出激素，吸引远处雄蝶赶来相会。此时百蝶恋花，空中开放飘动的花朵，五彩缤纷。

七、奇特丰富的观赏鱼

鱼是园林中常见的动物景观，取一二有色嘉鱼任其穿萍戏藻，养鸣蛙鼓，听其朝吟暮唱，是水乡活泼之趣，也是园林不可缺少的景观。这是受了古代庄子、惠子濠上观鱼这一故事的影响。动物景对园林的点缀是多方面的，其最大特点是以动态的形象美与其他相对静止的景物形成强烈的对比，给园林带来勃勃生气。士大夫文人以山水禽鱼为知己、为情侣，正是中国文人刻意追求天人合一、返璞归真的一种审美境界。

中国人特别喜欢中国金鱼，我国金鱼历史悠久，大约有千年历史，宋前多池沼养殖，近土鱼色不易鲜红，宋后以缸养无土则色红艳。它是由鲫鱼驯化而来，经家化、杂交、选种，单尾变多尾，红黄色变多色，形成了体态奇特、色彩丰富的观赏鱼种。大者长盈尺，小者一二寸。现有狮子头、鹤顶红、红龙睛、黑龙睛、蝴蝶尾、朝天龙、红绒球、五花蛋、铁包金、红水泡、红丹凤、红白琉金、五花珍珠、五花丹凤、红白珍珠、五花高头等，品种逾百。成为全国诸多园林不可缺少的观赏鱼。

西湖花港观鱼取草鱼、鲤鱼、鲫鱼之变种者，或色泽鲜红，或色彩金黄，鱼重 10 ~ 20 斤，在水中穿行，亦与游人嬉戏，吞食游客所扔食物，平添了游玩的乐趣。

第八章

中国园林的内部布置

一、文人雅士竞相歌咏园林名胜

中国园林不仅是胜似仙景的美丽花园，而且也是一座座综合性的艺术宝库、庞大的博物馆。在园林的整体设计和布置中，中西方都注意借助其他艺术门类和艺术手法来丰富和充实本身形象，但在借鉴的门类和形式上仍存在着明显的差异。莱辛的《拉奥孔》中说："把多种美的艺术结合在一起，以便产生一种综合的效果，这种可能性和难易程度就要随着这些艺术所用的符号的差异而定。"西方一般是将符号差异不大的艺术门类加以综合，主要是借助雕塑、工艺美术和绘画等造型艺术来丰富和充实园林。而中国园林除了西方的这些形式外，更突出的是融入文学和书法的因素，即物质性和精神性的结合、造型艺术与语言艺术的结合。

在中国著名的园林中，题额、楹联、诗词等随处可见。正是这些艺术因素的融入，才丰富和浓化了园林景观的艺术和美学意蕴。

诗人热衷于歌颂园林景观，游览往往是文人的重要内容，他们的足迹遍布全国园林景观。园林景观千差万别，或雄伟壮观，或巍峨险峻，或幽秀奇丽，即使一园一水，春夏秋冬山光异色，阴晴雨露水波多姿，为文人雅士状物抒怀提供了永远崭新的题材。可以说中国的园林景观无景不诗，无诗不妙，命意精警，善譬巧喻。

名人题咏提高景点品位，有些园林景观原本平常，但往往因名人题咏而成为著名景观，其中大量的人文景观多因此而形成。从古到今多少人慕名追怀，发思古之幽情。

借名人遗存歌名人业绩精神。古往今来，志士仁人舍生取义，杀身成仁；清官循吏关心民瘼，解民倒悬；文人雅士拈毫挥翰，抒发胸怀。他们都受到人民的爱戴、景仰，其园林成为人们泼墨吟咏场所，留下大量歌颂名人业绩的华章。诸多景点中都有对联、匾额、诗词、传说，都是敬仰先贤的赞歌。

依名人小说诗文创设园林景观，形象化地再现小说的人物、情节、思想。旧有的如黄鹤楼、岳阳楼、滕王阁、太白楼、醉翁亭、陶然亭、兰亭，近年来仿古园林如水浒城、三国城、镜花缘城、西游记幻宫。这些景观特点是，依据小说记载，恰当安排厅堂，按书中所写或人物的喜好，充分发挥想象，同时又内部陈设，虽然是“假作真时真亦假”，但毕竟使抽象的文字成为形象的实体，当是有魅力的。

二、联对匾额是园林景点重要的饰品

（一）联对匾额史话

中国厅堂自有其民族的布置方法，室内的书法中堂、条幅，立柱上的楹联抱柱，堂上悬挂的匾额都是书法作品，是装点园林景观、表现景观文学韵味不可缺少的内容。对联开始并非单独的文学样式，是从诗文中出现的整齐的对偶句中逐渐分离出来的，到唐代时才脱胎出来，走向独立。最初是贴在门旁，作为春节时的春联，北宋以后对联应用范围逐渐广阔，挽联、寿联、书斋联、灯联。明代对联发展到黄金时期，清代则进入极盛，不仅百姓、文人雅士喜好，皇帝、王公大臣也纷纷参与，一显才华，于是名胜古迹联成为达官雅士驰骋才智、展现抱负的最好方式之一。尤其是厅堂、庙宇、宫廷、楼台，而技艺一般、名声不大者则无法跻身其中。此俗沿袭至今。

风景对联从内容分，有述事、状景、抒情、晓理、评论；从长短分，有长联、短联；在写作方式上，有自拟联、集句联。其基本要求是出句与对句字数相等，内容相关，语法结构一致，平仄相谐。其艺术手法多种多样，如嵌字、列品、集句、用数、拆合、用典，对比、设问等，好的对联能准确地描述出景物的妙处，由景抒发情感，并能使人进行深邃的思考。比如故宫乾清宫，这是皇帝的寝宫，中间“正大光明”匾是清顺治皇帝御笔所书。颐和园万寿门前的长廊共 273 间，中间建有 4 座八角重檐亭，亭内有“留佳”、“寄澜”、“秋水”、“清遥”等匾额，这些皆是慈禧太后亲书，再做成金字匾额的。可以说这些对联匾额，书法作品都是古今名人此地彼时写成，名为应景之作，但多景情交融，成为点睛之笔，令游人思绪万千。如黄鹤楼一楼东面是关山月作联，并亲书：“龟伏蛇盘，对唱大江东去也；天高地阔，且看黄鹤再来兮。”将黄鹤楼的景，楚地天高地阔，长江滚滚东去勾勒出来，还将此地龟伏蛇盘的典故，黄鹤飞去的传说，苏轼大江东去的诗文巧妙融汇其中，实在是景物的点睛之笔。可以这样说，有些景很平常，但因文人雅士的书法便提高了景点的品位。

(二)耐人品味的楹联匾额

1. 楹联拾趣

园林中的楹联,能帮助旅游者更深刻地理解该园林的主题特色和作联者应时应景的心理状态,对园林景观起到画龙点睛的作用;楹联像一朵朵玲珑别致的艺术小花,为景增色,给人解颐,使游者更添几分游兴。请看几则佳联实例:

扬州何园楹联:

种邵平瓜,栽陶令菊,补处士梅花。不管它紫姹红嫣,但求四季常青,野老得许多闲趣,

放孤山鹤,观濠上鱼,狎沙边鸥鸟。值此际星移物换,唯愿数椽足托,晚年养未尽余光。

扬州何园又称寄啸山庄,系清光绪年间何芷舠的私家园林。上联引用陶潜等三位古人的归隐逸事,着重写花木,表达自己对隐居生活的向往;下联着重写禽鸟,表达主人晚年颐养于园林的愿望。

扬州个园楹联:

月映竹成千个字,

霜高梅孕一身花。

扬州个园内种竹千竿,因竹叶形似“个”字,故名。反映个园主人黄至筠喜爱竹子,又感本园林内无竹万株,仅能称半竹,上联写“月下竹林”,月下方有千个竹,暗喻虚怀若谷。下联描写“霜中梅花”,赞颂它不畏霜寒的高贵品格。全联咏竹吟梅,以虚补实,以形写意,烘云托月地点染出一幅情趣盎然的园林意境图画。

上海豫园卷雨楼楹联:

邻碧上层楼,疏帘卷雨,幽槛临风,乐与良朋数

晨夕，

迭青仰灵岫，曲涧闻莺，闲亭放鹤，莫教佳日负春秋。

卷雨楼在仰山堂楼上，楼台曲折美观，取唐代王勃“珠帘暮卷西山雨”之意，面临荷花池，隔池与江南最巨大的黄石假山相对。联语高度概括地描绘了微风细雨中的亭台楼阁和曲槛假山间的鹤语莺鸣，抒发了莫负眼前良辰美景的怡然情怀。作者笔下的景物像一幅五彩的画卷，似一曲无声的乐章，诗情画意间。“疏”、“出”、“曲”、“闲”四字，恰到好处地形容景致的状态，起到了借景传情的妙用。

苏州网师园楹联：

风风雨雨，暖暖寒寒，处处寻寻觅觅，

莺莺燕燕，花花叶叶，卿卿暮暮朝朝。

上联写气候，既写了大自然的一年四季的风雨、冷暖变化，也写了作者的主观感受，结尾四字直接引用宋代女词人李清照《声声慢》词的首句。下联绘春光，将笔触转到园中莺燕贪花恋草的情景，结尾四字直接引用宋代词人秦观《鹊桥仙》词中的末句，抒发了一种旷达的情怀。全联先抑后扬，从沉闷阴晦中看到了明媚春光，使人精神为之一振。全联均由叠字组成，构成一幅冷暖相间、明暗协调、动静结合、物我合一的立体图画。有人评价，“曼调柔情，情景恰称”，安排成趣。

杭州西湖孤山“西湖天下景”庭园挂着的一副楹联：

水水山山处处明明秀秀，

晴晴雨雨时时好好奇奇。

这是用叠字的手法写西湖早春季节，垂柳如线，山色空蒙，踏着浅草，漫步湖畔的情景，叠字表现出流连此园林的情感。

有些名胜题联是摘自名人的诗词组联成趣的。如苏州沧浪亭有联云：

清风明月本无价，

近水遥山皆有情。

上联为欧阳修《沧浪亭》中诗句，下联为苏舜钦《过苏州》中诗句。沧浪亭本宋代苏舜钦所建，后经多次修葺，至清道光年间，江苏巡抚梁章矩又加修治。齐梅麓太守彦槐一联云："四万青钱，明月清风今有价；一双白璧，诗人名将古无俦。盖前洞苏长史，后柯韩蕲王也。"这里的苏长史，指苏舜钦，韩蕲王为韩世忠。宋代叶梦得《石林诗话》云："庆历间，苏子美谪废，以四十千得之为居，傍水作亭曰'沧浪'。"欧阳文忠公诗"清风明月本无价，可惜只得四万钱"即指此。上联改"无"为"有"，反用欧阳修诗句。全国园林成千上万，园内楹联累计不下万亿，举不胜举。

2. 匾额掇珠

匾额为园林题名，主要是为了起到点景的作用。

题名是针对整个构园的，因此必有托意，以见园主之高致。其托意，可以是主观的，如苏州拙政园因园主王献臣官场失意，遂取潘岳《闲居赋》"亦拙者之为政"命名；也可以是客观的，如常州近园因园主杨兆鲁"经营相度，近似乎园"而命名。此外如寒碧山庄、梅园、网师园等，皆可顾名思义。

一园之名是全园的主题，园中又分若干景区，同样需要题名，则多针对某一景区特点而发，起到点景的作用。如避暑山庄的三十六景，圆明园的四十景。每一景区之内，或针对山水建筑，或针对花木，题景不一而足。题景的形式多用匾、额、联等形式，据李渔《一家言》，有册页匾、虚白匾、石光匾、秋叶匾、碑文额、手卷额、蕉叶联等，本身就是极富玩赏性和趣味性的一种藻饰形制，施之于园林建筑，更有点睛传神之妙。扬州瘦西湖有"听鹂馆"，点出该馆在湖畔，树丛中黄鹂飞舞，令游人遐想无限。匾额材料则有砖刻、石刻、板刻、竹刻、板屏、大理石屏等，色彩朴素淡雅，与园景的清静、题词的隽永，真是浑然天成。

有些建筑的匾、额内容，不一定与园景直接有关，主要是为了起到装饰的作用而非点景，但平淡天真以隽雅为尚则是没有疑问的，所以归根到底还是可以加强园林的山林自然氛围。

三、条幅字画是景点厅堂的重要布置

我国古典园林室内布置绘画是不可缺少的，它是厅堂的点睛之笔，决定着厅堂的品位，也表现了厅堂主人的喜好志趣。比如山东曲阜孔府，有大量的名贵字画，多为一代代名家手迹，历代名家的书画珍品，如吕征的鹰石、周之冕的竹石、郑板桥的兰竹、黄慎的人物、罗聘的山水，幅幅精美，神韵各异。有些就是孔府的传人绘制，如七十四代孙"衍圣公"孔繁灏夫人毕景桓绘画的《蝴蝶册》和《花篮册》，其中《蝴蝶册》共绘一百余种蝴蝶，晶翅透丽，色彩鲜艳，宛如真蝶。其中最名贵的为元代大书画家赵孟頫的《孔子像》和《三圣图》。后图画中三人站立，中为孔子，左是颜回，右是曾参。孔子正襟危坐，颜回上站，曾参下立，神情庄重。孔子的博大精深，颜回的谦逊，曾参的睿智表现得恰到好处，点到人心，尤其是衣褶潇洒自如，飘逸流畅，富有运动感、节奏感和粗细变化，更可贵者那衣褶竟然是由一部《论语》组成，置于放大镜下，是笔画严谨的蝇头小楷，这种别出心裁的传作，丝毫看不出故弄玄虚的做作气，而是自然舒展，把书法与绘画处理得天衣无缝，相得益彰。试想，在孔府中悬挂这样的画幅，无论是表现厅堂主人的气质，还是表现书画名家的艺术都会让人感到珠联璧合、浑然天成，使人赞叹不已，流连忘返。

四、建筑雕塑是园林的重要装饰

明清以后，园林建筑雕塑逐渐兴盛起来，窗门隔扇，梁柱斗拱的木雕，门前石狮，屋脊殿角走兽，碑座桥梁，宝塔的石雕，门楼山墙的砖雕都表现出极高的工艺水平。可以说，无论是内部空间美还是外部空间的美，很多都是通过雕塑手段实现的。

木雕，江南园林长于木雕，建筑物内部装饰的梁柱、隔扇、罩、门、窗、栏杆、撑牙、挂落、雀替、斗拱等都表现出一种图案美，如彩衣堂——翁同龢故居，在常熟市虞山镇翁家巷门。是一座保存得比较完整的古代建筑，也是一座具有江南民间艺术风格的彩绘建筑。翁氏故居全宅共有五进，皆用砖墙封隔，自成院落。彩衣堂是第三进，为一座三间七架梁的明代大厅，宽 15 米，进深 15.4 米。梁、柱、枋、檐、额等处，都施以彩绘，其主要的藻饰萃集于檐下额枋梁檩结构部位，色彩有青、蓝、碧、绿，间以黄红色结合沥粉堆塑。墙用白色，柱下半段涂以黑色，为我国施用色彩最复杂、最精彩的古建筑之一。彩绘内容多取吉祥之意，有寓意“喜上眉梢”的喜鹊和梅枝，有颂祝“松鹤延年”的青松和白鹤，还有意趣盎然的“莲池鸳鸯”、“鹿鹤同登”、“狮子戏珠”等，此外还有生动活泼的各种植物花纹和几何花纹，布图、着色、花纹、技法，各因其物之形态、位置等叠配而成，线条流畅，浓淡适中。彩衣堂的彩绘建筑，是中国古代建筑史上民间艺术的瑰宝。

再如扬州何园，集中众多木雕艺术，走廊梁架上刻象头，梁头上雕双鱼，雀替上是蝙蝠浮雕，厅内梁头雕花也是鱼形。四周方窗外雕金钱如意边框，中嵌杏花花饰，窗下内为板壁、外为花框，是以木棱组合成花纹。檐柱间的挂落皆以镂空花框，翘角处的撑牙以木雕竹节，上刻竹叶浮雕，或以牡丹花做成梁头，使人时时想到变化之趣。细细观察便会发现，挂落纹饰巨部皆为直线，仅在转角处，略具曲折，而细部的雕刻则有方有圆，总的看来比较直率，但刚中有柔，颇耐寻味。堂前16根檐柱，除转角处2根外，14根柱前的雀替，正反皆刻有名为群仙祝寿图的浮雕，每个雀替上两面各为一个神仙，正厅中间的几个可看出是张果老、汉钟离、曹国舅、蓝采和、何仙姑、韩湘子、吕洞宾、铁拐李。虽然是在一尺五寸宽的雀替上雕刻，但人物眉眼毕现，个性强烈，形态生动，虽为楼堂装饰，但艺术价值极高，使人不由得想起清代任伯年的"群仙祝寿图"。屋内装饰更为考究，正厅两壁及侧楼内部饰以木雕，现存面积约140平方米，其内容是名碑名画，有西岳华山碑，汉隶浅刻，字形端正，线条圆润；苏东坡的石竹，茂竹横于石下，枝干丰满，苍劲有力；宋代文学家韩琦的画竹，竹枝空灵，风旋叶飘，玲珑而又豪放；郑板桥的兰竹，兰香竹影，清风徐拂，精巧绝伦；唐寅的四幅花鸟，紫藤喜鹊，荷花鸳鸯，芦花飞雁，梅花鹤影，四季景色宛然笔底。

砖雕，我国以砖为材砌房造屋历史十分悠久。战国时期的宫殿，砖块瓦当上就有高浮雕的角兽造型，以后以砖雕为饰几乎成为建筑时尚。苏州园林长于建筑砖雕、石雕。如溪南村老屋阁为明中叶建筑群，阁内梁架、斗拱装饰雕刻精美，现今多处住宅仍为水磨砖门楼，门楣上有磨砖贴面，以藻井纹、象眼纹、八卦纹、冰裂纹、冰片梅等为多，中等住户门对面设有照壁，大户人家门楣、门楼上有砖雕，或佛教故事，或松鹤延年图案，或和合二仙，或牡丹花饰。人物、山水、亭台、楼阁都是在烧好的砖块上刻成浮雕，不仅富于装饰性，而且很有国画韵味。有的住宅砖雕多处使用，月洞空窗，即只有窗框而无窗隔，窗框是用砖片水磨雕刻再拼镶而成，有海棠形、梅花形、荷花形、牡丹形、瓜形，本身就是十分精美的砖雕。什锦漏窗，用特制的小扁砖，水磨光滑，制成榫头，对缝拼接而成，图案形式皆不同，磨制雕刻之精，叠砌之巧，样式之美，构图之难，在他地较为少见。山墙花，如凤穿牡丹的砖刻为等腰三角形的砖雕壁画，牡丹位于顶端，凤凰刻于正中，四周饰以牡丹枝叶和葫芦花藤，皆为高浮雕。可贵的是凤凰羽毛丰满，姿态婀娜，花的枝叶正反卷侧，葫芦藤的疏密错落，花瓣的内外聚散都十分逼真，极富层次。刀工明快，线条流畅，艺术价值极高。

石雕，我国各地均产石，石料常用来作为厅堂殿宇、楼塔桥梁的材料，如河北赵州桥上栏板石雕就是“蛟龙穿岩”的形象，虽是栏板装饰，但艺术价值极高，轮廓分明，转折有力，体型矫健，龙头作回顾之状，龙身类似穿山甲之属，刻此形象，分明取其能穿岩通水之意。明清时皇家园林刻意追求石雕装饰，北京圆明园西洋楼尽管仅剩几根断柱残梁，但皆为高浮雕，是将西洋雕塑特色与我国石雕传统工艺相结合，是欧式建筑的民族化。山东曲阜孔庙大成殿的28根柱皆为整石刻成，是明弘治十三年（公元1500年）的原物，从历史价值和艺术价值来看，在全国的龙柱中可称第一。柱高 5.98 米，径长 0.81 米，每柱净石为 3.8 立方米，重 16 吨，仅材料一项耗资惊人。28 根柱分布殿外周围，东西各 4 根，后檐 10 根，这 18 根都为八棱柱形，水磨光滑如镜，每面浅刻 9 条团龙，这样每柱 72 条，共计 1296 条。应该说一千多条龙集于一处，又由于是团龙，雕刻之难可以想见，但这些龙首尾相顾，顾盼有神，而每条龙的位置、造型虽出众手，却宛如模制，显出严整的美，前檐是 10 根深浮雕云龙石柱，每根柱上均刻出双龙对舞，盘绕飞腾，中间有巨大宝珠，珠子四周绕以火光焰气，柱子下部有山石波涛。由双重宝装莲花柱础承托，使大成殿显得特别气派。郭沫若诗云："石柱盘龙二十株，大成一殿此尤殊"，"天工开物眼前是，梓匠何曾读圣书"。苏州玄妙观三清殿为宋代建筑，殿广 9 间 47 米，深 6 间 26 米，高 25.5 米。共有 74 根大青石柱子支撑，每柱 6 面，凿有 360 天尊圣号圣像，象征 360 周天，弥足珍贵。

五、工艺美术精品是园林的重要陈设

我国的工艺品门类十分丰富，按质料分有陶器、瓷器、玉器、青铜器、漆器、玻璃器、织绣、家具、景泰蓝、竹、藤、草、柳、棕编织工艺、泥塑、木雕等。按制作技艺又分为剪——剪影、剪花、剪纸；扎——纸扎、草扎、竹拼、车木、花灯、风筝；编——绳结、草垫、竹编、柳编、线编、手绣、地毯；织——蜡染、扎染、挑花、织锦、花边、花绸、壁挂；绣——蜀锦、云锦、缂丝、苏绣、湘绣、发绣、绒绣、筒裙、围腰、花帽、坎肩；雕——木雕、漆雕、竹雕、根雕、石雕、玉雕、牙雕、骨雕、角雕、砖雕、果核雕；塑——泥塑、瓷塑、金属铸塑、面塑、米塑、酥油花、冰雕；

绘——岩画、壁画、纸马、铁画、内画壶、纸织画、羽毛画、贝雕画、麦秸画、树皮画、糖画、彩蛋。勤劳智慧的中国人在长期的丰富的艺术实践和工艺生产过程中，在体现实用和审美相结合、工艺技术与艺术设计相结合方面，创造了许多优秀的范例，形成我国工艺美术优秀而深厚的艺术传统。尤其是青铜、陶瓷、漆器、玉器、织绣等工艺在世界物质文化史上占有重要地位，是园林的重要陈设。

我国古代工艺美术和现代工艺美术如汪洋大海，其品种之多，数量之众，质量之精令世人叹为观止，几乎每年都有考古发现，从地下尘封的城堡墓穴中发现许多艺术珍品，这是我国旅游业得天独厚的资源。

历史上艺术珍品由于政治变乱，天灾人祸，丰富的工艺美术至今大多只存其目，秦代阿房宫被楚人一炬，可怜焦土；汉代董卓之乱，图书缣帛半皆遗弃；隋炀帝所聚图书珍室被颠覆而沦丧；唐文物至武则天而烧失。几乎历代都有破坏，即使不易毁灭的敦煌、云冈、龙门、麦积山也被殖民主义者和资本家劫夺不少。解放以后，文物考古大量科学发掘，辉煌多彩，琳琅满目的地下藏品重见天日，文物保护成绩斐然，园林多样性的工艺美术的陈设展示吸引着海内外宾朋慕名一睹为快。

博物馆是工艺美术精品的集中展示场所。我国各省市几乎都有博物馆，其中有综合博物馆，也有专题博物馆，其中大都陈列古代文物，即古代工艺美术精品，最大博物院为皇家园林故宫博物院。故宫博物院始建于1925年10月10日，明清两代，故宫收集和制造的文物极为丰富。1948年，部分运往台湾，大部分仍在故宫保存。抗战胜利，尤其是全国解放，陆续以接管、收购、接受捐献等方式收进相当一部分，现收藏文物总数将近100万件。其中书法绘画近10万件，铭刻6万多件，金属器3万多件，雕塑近2万件，陶瓷35万多件，织绣13多万件，玉石器、漆器、珐琅、玻璃器、文具及雕刻工艺品近15万件，珍宝、佩饰、武器、乐器、钟表仪器、生活用具等宫廷器物近10万件。

故宫工艺美术的展示方式分两种，一种为原状陈列，一种为专馆陈列。

原状陈列即按清代皇室使用的各个宫殿，基本按原貌布置陈设。中路太和殿、中和殿、保和殿、乾清宫、坤宁宫，西路储秀宫、体和殿、翊坤宫、长春宫、体元殿、太极殿、养心殿。其中陈设有宅座、围屏、床炕、桌椅，室内摆设的书画、钟表、宫灯、盆景、古玩都陈设于原来位置上，其中不少是稀世珍宝，如太和殿中的宝座即为明清两代皇帝使用过的龙椅。乾清宫中"正大光明"匾是清顺治皇帝御笔所书，一直挂到现在未动。

专题陈列馆，即每馆仅展示某一种类的工艺品，如历代艺术馆，陈列从秦到清的历代艺术精品1000多件，堪称宝中之宝。青铜器馆，展出从商周到战国青铜器400件，有器物、货币、印玺、符节、衡器。陶瓷馆，展示原始社会到封建社会后期的各类瓷器，彩陶、黑陶、白陶、青瓷、白瓷及各种窑口、各色釉彩、各色型制的瓷器精品700多件。工艺美术馆，展出漆器、玉石器、玻璃器、珐琅器、金属器、文房四宝、竹、木、牙雕等。钟表馆，展出清代乾隆和嘉庆时期中国和英、法瑞士制造的各种钟表。珍宝馆，展出清宫收藏的金银玉翠、奇珍异宝制成的礼器、祭器、冠服、装饰品、生活用品及宫内的陈设品。铭刻馆，展出商代至清代的石刻、碑帖、印玺、砖刻珍品。明清家具馆，展示明清两代皇家收藏的桌椅床案等家具。清代宫廷戏曲陈列馆，展出清代宫廷戏曲资料，有戏衣、道具和戏画。清宫玩具陈列室，展示清宫收藏的玩具，大多是十八、十九世纪瑞士、法兰西、英格兰、德意志制造和清宫造办处、广东民间制造的玩具。

可以说这里的工艺美术展览地址选择在明清两代的宫殿建筑群，原状陈列工艺品是最直接也是最形象的工艺品的作用的表述。而专题陈列则是体现中华工艺的博大精深，无论是供高层次游客的研究探秘，还是一般游客的观光欣赏都具有永久的魅力。

江南的每一处园林都有工艺品陈列，如网师园的积善堂，中间置铜鼓一只，作装饰用。大厅东西两壁挂大理石山水挂屏，堂中一式明式红木家具。在天然几上陈列着园主所珍藏的古瓷、拱石、插屏，以显示主人的文化素养和情趣。大厅陈设的家具和物品，大厅前面两根立柱一副隶书联牌，大厅中央正面的条几、供桌和方桌、太师椅，正面居中的匾额、堂对、楹联加上空间悬挂宫灯、壁画，悬挂云石镶嵌条屏，形体方正，工艺考究的红木仿明家具，使大厅的氛围更加安详、静穆、庄重。

家具在工艺美术中，具有重要的地位。江南一带的园林中有不少明清时的家具，甚为难得。这些家具选料讲究，多用紫檀、花梨、红木等硬木，以材质本身的色泽含蓄柔和，纹理清晰富于变化，质地坚硬富于弹性，线型简练、挺拔、轻巧，很少用漆，不滥加装饰。清代时，富商大贾一味追求华贵，注重雕饰，使家具造型日益复杂富丽，厅堂家具常见的有大条几、画案、八仙桌、太师椅，椭圆形凳、扇形凳，即为清式。纹饰有槟榔纹饰的，尤其桌围都是槟榔高浮雕，以折枝花叶连缀，桌围下花边则为槟榔镂空雕，花饰不求复杂，但虚实相映、凹凸得体。一颗颗槟榔珠圆玉润、光洁可鉴、平滑如水，整套家具组合一起，十分和谐。另有河塘情趣图饰，八仙桌和太师椅构图繁复。以椅为例，两扶手即为两枝藕，如真藕一般大小。椅背下为水波纹，上浮一枝嫩藕，藕上是荷花、荷叶、莲蓬、荷箭，其间有水鸟，而当中则是圆形大理石镶嵌，分明是一满月，所有雕饰既注意局部的写实，又注意整体的图案装饰，构思奇巧，令人叹服。

第九章

中国园林内的娱乐活动

一、戏剧曲艺活动

中国园林的拥有者很注意以动态的活动激活固态的资源,以热闹的活动打破静态的沉闷。尤其是现代,园林已成为全民共有,大家已不满足静谧、冷寂,而是希望宣泄放纵,历史的、时尚的,高雅的、民俗的,本土的、外来的,都采取拿来主义,更增添了园林的魅力。

(一)戏剧

戏剧具有很强的观赏性。中国戏剧无论是京剧还是地方剧种,都是包含文学、音乐、舞蹈、美术、武术、杂技以及人物扮演等各种因素的综合艺术,是长期以来劳动人民和戏剧作者的伟大创造。它丰富多彩的形式,被公认为是最具中华民族特色的文化品种之一。

京剧的产生源于四大徽班进京,这是中国戏剧史上一件划时代的大事,乾隆五十五年(公元 1790 年)八月,适逢皇帝八十华诞之期,闽浙总督指令浙江盐务当局承办祝寿典礼,决定选派徽班进京参加庆贺演出。四大徽班指的是三庆班、春台班、四喜班与和春班,他们的勃兴与从扬州次第进京,对国剧京剧的形成至关重要。

京剧音乐属于板腔体，因徽班到北京后是和来自湖北的汉调艺人合作，相互影响，且接受了昆腔、秦腔的部分剧目、曲调、民间曲调而融合、演变、发展而成。以徽调的二黄和汉调的西皮为主，所以有"皮黄"戏之称。西皮有导板、慢板、原板、快三眼、二六、流水、快板、散板、摇板、反西皮等，适合表现活泼昂扬的情感。二黄有导板、回龙、慢板、原板、快三眼、散板、摇板、二黄反调等板式，适合于表现苍凉、深沉的情感。伴奏乐器为胡琴、月琴、京胡，称为京剧三大件，另有南弦、笛、唢呐等管弦乐和鼓、板、大锣、铙钹、堂鼓等打击乐器，表演上歌舞并重，融合武术技巧，多用虚拟性动作，节奏感强，念白具有音乐性，有京白、韵白，还有带有地方方言的念白，形成"唱、念、做、打"有机结合的艺术体系。角色根据男女老少、俊丑正邪分成生、旦、净、丑四个大的行当。京剧服装基本依照明制，描龙绣凤，色泽鲜艳，按人物身份有蟒、官衣、褶子、帔等，大都宽袍长袖，劳动人民穿茶衣、老斗衣、袄裤。武将扎靠，民间武将着紧身包衣包裤夸衣等。京剧化妆，均有谱式，尤其净丑勾画各种脸谱，以示忠奸善恶，生旦浓妆重抹，也近似脸谱。京剧重流派，按地域分有"海派"、"京派"两大流派，其他生、旦、净、末也有按姓氏分为流派，如四大名旦：梅派梅兰芳，程派程砚秋，尚派尚小云，荀派荀慧生。老生行当中马派马连良，周派周信芳，言派言菊朋，谭派谭鑫培，杨派杨宝森等，可以说百花争艳，流派纷呈，美不胜收。京剧长于演历史故事，传统剧目约有1300多个，常演的有三四百个，其中《将相和》《宇宙锋》《追韩信》；三国戏《群英会》《空城计》《甘露寺》；水浒戏《逼上梁山》《三打祝家庄》《下书杀惜》《打渔杀家》以及其他戏《贵妃醉酒》《二进宫》《拾玉镯》《铡美案》等流行很广。现当代曾有过数次改革，有新编历史剧《海瑞罢官》《杨门女将》和《沙家浜》《红灯记》《智取威虎山》《杜鹃山》《奇袭白虎团》《龙江颂》等，反映革命斗争和现实生活，对京剧艺术改革作了许多有益的尝试。

我国地方戏很多，大多成熟于清代，据不完全统计，现存地方戏曲剧种约有360余种，大河上下，长城内外，白山黑水，无处不有地方戏。昆剧、评剧、豫剧、川剧、越剧、黄梅戏、锡剧、扬剧、粤剧及少数民族戏都是人民群众喜闻乐见的地方剧种。

昆剧，昆剧早在元末明初即在江苏昆山一带产生，时称昆山腔，最初仅是民间清曲小唱，到明代嘉靖年间，戏剧音乐家魏良辅对昆山腔进行改革，使唱腔委婉，细腻而动听，因喉音婉转，字正腔圆"能谐声律，转音若丝"，"调用水磨，拍挨冷板"，其弟子梁辰鱼谱写第一部昆腔传奇《浣纱记》轰动朝野，从此流传江浙各地并远至北京。大量的文人雅士为其撰写剧本，所以使昆曲有了浓重的文人化倾向，明代汤显祖的《牡丹亭》，清代洪昇的《长生殿》，孔尚任的《桃花扇》相继搬上舞台，传唱至今。昆曲成了明代中叶至清代中叶影响最大的声腔剧种，兴盛达400年，因其气质高雅清秀有"中国戏曲的幽兰"之称。昆剧有南昆、北昆两大流派，南昆用苏州官话和方言，北昆用京韵和京白，两者在声腔上都以南曲为基础，吸收北曲的杂剧音乐，南曲流丽顺畅，宜于表现少男少女爱慕凄苦感伤怀念的感情，节奏舒缓，字稀腔长，旋律优美，悠扬细腻；北曲朴实慷慨，宜于表现金戈铁马、英勇豪壮的人和事，声腔激越昂扬，急促与宽松的节奏皆备，富有阳刚之气。

越剧，广泛流传于浙江、上海、江苏、江西、安徽一带，于1906年前后，由嵊县一带民谣、山歌在余姚秧歌班影响下发展形成，最初仅是形成简单的小戏，1916年进入上海，吸收绍剧的唱腔和京剧的舞蹈，丰富其表演艺术，时称"绍兴文戏"。初以男演员演出，1923年后全部由女演员组成，称为"文武女班"。抗战期间，"女班"在上海有较大发展，男班和男女合演渐趋淘汰。1945年袁雪芬组织雪声剧团，对越剧表演艺术作了一系列改革，其后明星辈出，流行地区更为扩大，遍及华东、华北、中南许多城市。主要剧目有《盘夫》《红楼梦》《柳毅传书》《梁祝》《白蛇传》等，曲调细腻柔婉，长于抒情。

梆子戏，流传于我国北方，有山西梆子、河南梆子、河北梆子、山东梆子等剧种，所谓梆子即以硬木梆子做打击乐器以按节拍的剧种，最早起源于明代陕西、甘肃一带高亢激越的民歌，最初形成的剧种是秦腔（陕西梆子），随后由西向东，分别和各地语音、民间曲调结合而形成不同地域的梆了，形成地方化、多样化的局面。音调高亢激越，生腔刚劲、豪放、开朗、粗犷，旦腔婉转、圆润、优美、流畅，有声遏行云，音若流泉艺术特色。善于表现阔大的斗争题材，表现慷慨悲壮的情绪，剧目如《潘杨讼》《辛安驿》《杜十娘》《血手印》《三关排宴》《花木兰》《穆桂英挂帅》等。

粤剧，流行于广东、广西、香港、澳门和美洲、澳洲、欧洲以及东南亚华侨居住地区。明清两代，广东本地戏班以梆黄为基础，融会戈、昆诸腔，并吸收广东民间音乐及流行曲调，遂成为南方一大剧种，唱腔音乐安排采取板腔体和曲牌体混合使用的方法，乐器不但有二弦、高胡、沙鼓等民族乐器，而且有小提琴、萨克斯号等中低音西洋乐器，而表演艺术和舞美、灯光又较多吸收话剧、电影、西洋歌剧特长，角色有末、净、生、旦、丑、外、小、贴、夫、杂十大行当，传统剧目有古老江湖十八本、新江湖十八本、大排场十八本等，该剧受西洋文化和资产阶级文化影响较深，有别于一般戏曲的传统文化。影响较大的剧目有《搜书院》《关汉卿》《山乡风云》等。

（二）曲艺

我国是曲艺大国，曲艺形式的多样性，流布地域的宽广性，种类的丰富性，流派的纷呈性都是其他国家曲艺难以比拟的。我国也是能歌善舞的民族，从最初与劳动相连，描写佳山秀水，憧憬爱情，歌唱家乡，最后加工升华，走向艺术殿堂。

曲艺是各种说唱艺术的总称，即以带有表演动作的说唱来叙述故事，塑造人物，表达思想感情，反映社会生活。多以叙事为主，代言为辅，具有“一人多角”的特点，部分以代言为主，叙述为辅，分角色拆唱。由于曲艺表演演员少——通常1~3人；化装简单——仅仅面部略加修饰，衣饰也不分角色变换，多以女旗袍，男长衫，属于清唱、清说一类；场地要求不高——或舞台、或堂会、或庙会、或道边；道具简单——说书人仅用一扇、一帕、一止语，弹词不过是一琵琶、一三弦，相声什么道具也不用，自然易学易传，生命力久远。

曲艺历史悠久，唐代有说唱故事的“说唱”、“转变”，说说唱唱，已经具备后来曲艺的雏形，宋代“说话”、“鼓子词”、“诸宫调”、“唱赚”等曲艺形式已很流行，元明清三代文人参与写作，出现了《三言》《二拍》这样的话本小说，当时全国已有许多曲种、曲目，代代相传，解放后曾作粗略统计，全国有影响的曲种有300多个，有些曲种已十分成熟，影响巨大，如扬州评话、山东快书、相声、河南坠子、京韵大鼓、苏州弹词、四川清音、好来宝、赞哈、大本曲等，这些形式基本都属于说唱，往往说多用方言，唱用方音，所以地方性很强，为老百姓所喜闻乐见。

说书，一般指说唱故事的长篇曲艺，分单说和说唱结合。单说即只说不唱，评话、评书皆属此类，有“大书”之称。而又说又唱的弹词为“小书”。说书种类很多，北京评书、天津评书、扬州评话、苏州评话、南京评话、杭州评话、四川评书、陕北说书等，有的用乐器伴奏，但更多是只说不唱，以扬州评话最为著名。明末清初著名说书艺人柳敬亭在扬州演出，以扬州方言说故事，说者为一人。坐说不唱，表演时以扇子、手帕为道具，以止语（醒木）击桌加助气氛。近代康国华、王少堂最为著名，他们多说《三国》《水浒》，以描写细致、细节丰富、着意渲染扬州本地风光和塑造市井“小人物”为特色，具有浓重的苏北地方特色。

弹词，或一人，或二人，或三至五人，以“说噱弹唱”为主要艺术手段，注意模拟各种类型人物，比较著名的有苏州弹词、长沙弹词、扬州弹词、无锡评曲、南京白局等，以苏州弹词最为著名。苏州弹词流行于江苏南部、上海和浙江的杭嘉湖地区，清乾隆时比较流行，其形式分单档（一人自弹自唱），双档（两人分操琵琶、三弦演唱）和三人档。艺人边弹边唱，于叙述故事情节中分别模拟各种人物身份、表情、动作，把听众带入情境之中。弹词表演内容大多为家庭伦理、儿女私情、冤案昭雪等故事，最著名的有《三笑》《珍珠塔》《玉蜻蜓》《双珠凤》《白蛇传》等。

道情，曲艺曲种，多为单口说唱，演唱者右手击渔鼓，左手打简板，以掌握节奏，无弦乐器伴奏，也有弦乐伴奏的道情，内容可以固定唱词，也可见景唱物，曲调活泼、简单、自由。浙江道情中有义乌道情、金华道情、台州道情等；江西道情中有南昌道情、宁都道情、吉安道情等；还有湖北道情、青海道情。道情起源于唐代《九真》《承天》等道教，是以道教故事为题材，南宋时始用渔鼓、简板为伴奏乐器，故有“渔鼓”之称。道情和流行地的民歌小调结合，吸收地方戏剧、曲艺的唱调，形成不同的地域风格，多数以唱为主，以说为辅，也有只唱不说的。

大鼓，曲艺一个类别，大约清代形成于山东、河北农村，主要流行于我国北方各省及长江、珠江流域的部分地区。有京韵大鼓、西河大鼓、梅花大鼓、乐亭大鼓、京东大鼓、东北大鼓、山东大鼓、胶东大鼓、安徽大鼓、上党大鼓、湖北大鼓、广西大鼓等数十个曲种。多为一人自击鼓板，另有数人用弦乐器伴奏，大都为站唱，题材广泛，多为历史战争和男女爱情故事，因流传地区不同，伴奏乐器、唱腔有所区别。其中最有名的是京韵大鼓，流传于河北、东北、华北。是清末木板大鼓传入北京后，经改革，吸取京剧发音吐字方法和民间曲调，创造新腔，一般只唱不说，唱词基本为七字句、十字句，一人演唱，自打鼓板，有三弦、四胡、琵琶等伴奏。传统曲目来自《三国演义》《水浒传》《红楼梦》等。

（三）歌舞

我国的歌舞始终注重自娱性、群体性和民族性，其中的秧歌、花鼓、花灯、旱船、耍龙、舞狮、高跷，都是群体参与，大方健美、自娱自乐的形式，民俗味极浓，不仅为当地百姓喜闻乐见，也是异地他国旅游者情不自禁的参与项目。

舞龙，中华是龙的传人，所以全国处处有舞龙，是农历正月十五闹元宵的高潮节目。其表现形式和技艺多种多样，有龙灯、布龙、草龙、百叶龙、板凳龙、段龙、纸龙等，最普遍的是布龙，以竹篾扎成龙头龙身龙尾，外糊以白布，上画龙鳞，龙是一个整体，长约一二十米，十多人舞，每人持一节，每节要有长木柄，舞者持以挥舞，两龙同时出场，前有一人用彩绸扎成宝珠引龙起舞，龙头则随宝珠上下翻飞，后面的龙身龙尾随势成弹簧状。往往两龙同时出场，且各不相让，演出"二龙抢珠"、"双跳龙门"、"龙打滚"、"龙摆尾"等花样。伴以锣鼓，气氛热烈，振奋人心。

旱船，实际上是陆地行舟，船扎得很漂亮，船下是用于遮演员腿的布幔；船上中央是一方亭，女演员类似花旦在其中使船左右晃荡，前后游动；船外是一撑船的老翁类似须生；后有一划桨的少年，类似小生，旁边还有一插科打诨的婆婆，类似丑角。随着船的起伏，演员们编成小调，一人唱，众人和，也可即兴编曲，拿观众逗趣。

太平鼓，多种多样，主要流行于北方，有正圆、椭圆等形状，大小不一，已从当时进香酬神、巫婆跳神的迷信中脱胎出来，成为群体性的活动。在黄土高坡上，几十个人一组，以伞的摆动为指挥，整齐、气派，不愧为威风锣鼓。

秧歌，顾名思义是插秧种田时唱的歌，后发展为有歌有舞的形式，主要可分为踩木制腿子的"高跷秧歌"和平地表演的"地秧歌"。全国影响大的地秧歌有陕北秧歌、东北大秧歌、河北秧歌。1997 年沈阳举办"首届中国沈阳秧歌节及全国秧歌大赛"，吸引了全国 15 个省市自治区 50 多档秧歌参赛，其中既有传统秧歌，又有创新秧歌。现在长春、沈阳、北京等地，每天清晨公园广场，扭秧歌的比比皆是；境外旅游者也加入其间，文娱活动、锻炼身体一举两得。

舞狮，传说舞狮可以驱魔辟邪，所以舞狮活动很快普及全国。湖南有“赞狮”、“线狮”；安徽、浙江有“手狮子”；河北有“火狮子”；四川有“狮子灯”；香港澳门的“彩狮”。北京狮子表演文化味很浓，有“太狮”和“少狮”，取过去皇家门前“太狮、少狮子嗣相承”之意。“太狮”威武雄健，“少狮”活泼灵巧。过去还搭成架子，形成桥、牌楼等样式，狮子在竹架顶上翻跳腾跃。舞狮子的不仅善于攀登上高，而且相互配合，以动作惊险、仪态万千吸引游人。

(四)园林中戏剧曲艺的表演景观

我国戏剧曲艺表演场所的遗存戏院、书场、戏楼、戏台几乎遍布全国的园林，有的至今保存完好，很有观瞻价值，是探讨戏曲文化的主要场所。进入近代社会以来，在按照西方样式建造剧场剧院的同时，不少园林修复了原有的戏剧和曲艺舞台，保持了民族风格。

一种是皇宫、皇家花园、官邸园林、会馆中有戏楼戏台，往往十分豪华。如颐和园内的大戏楼，是慈禧太后为奢侈享乐于清光绪十七年(公元 1891 年)所建的，是国内最大的戏楼。其面对颐乐殿，重檐三层，高 21 米，底层舞台宽 17 米，三层舞台均有天井、地井连通，可表现升仙、入地、下凡诸情节，底层舞台还有水井、水池，可设置水法布景，南部毗连的两层戏楼是规模巨大的后台。清末时，许多京剧演员如谭鑫培、杨小楼等都曾在此为慈禧演戏。故宫畅音阁大戏台，高 20 多米，分三层楼面，每层都可同时表演；至于像故宫漱芳斋内的小戏台又是那样亲切近人。承德避暑山庄的清音阁，为清代宫廷三大戏台之一。清音阁高三层，阁内设有天井、地井和转轴等。天井可以将布景和演员从上层吊下来，表现踏云飞行从天而降的效果。地井则用绞盘将布景和演员从地下托出台面。中央地井下还建有水井,可使水从台下喷出。现戏台虽仅存台基,但虎死不落架,从遗存仍可想见当年的规模。有些富户住宅也有戏台,如扬州何园,是清末湖北汉黄德道台何芷舠的私家花园。花园湖面中有一水心亭,即是戏台,四面临水,借助水音,戏声自然,婉转悠扬。水心亭的东南北三面皆是立体串廊,长400多米,上下两层,可摆酒宴百桌,坐客千人,边品酒边听戏,此乐何及?会馆是旧时外地商人到异地经商聚集之地,天津南开区的广东会馆保存完好,规模巨大。它是清光绪年间建造,由门厅、大殿、配殿、戏楼、跨院园林和套房构成,占地近1公顷,房屋125间,木石结构。由于是广东人在天津建造,所以有广东风格。该会馆以装饰华美著称,尤其是戏楼,四面是楼上楼下,可以面面平视、俯视戏台,戏台的吊顶为"鸡笼式",即当中藻井成伏釜状,由成百条异形斗拱接榫堆迭,并逐层收缩而成。藻井四周则以四方形方框围聚,表面饰以高浮雕狮子盘绣球、凤穿牡丹、松鼠葡萄等人物、花卉图案,四角是挂柱,下有覆莲、如意的雕饰,戏台后壁镶嵌大型"天官赐福"镂空木雕,雕工细腻,精美绝伦。苏州全晋会馆的戏楼,由前后台与两厢看楼组成,是苏州现存古典戏台中最精美的一座,全晋会馆已辟为苏州戏曲博物馆。苏州拙政园的"卅六鸳鸯馆"和"十八曼陀罗花馆"的大厅造型别致,椽子为弓形和弧形,四角有耳房,是园主听昆曲的地方。每当清唱演出进入高潮时,有一种"余音绕梁,三日不绝"的感觉。

一种是乡村舞台,浙江省是越剧之乡,这里越剧十分普及,尤其是杭州、绍兴的乡镇、园林中都有演出场所。旧社会多在露天,而露天有很多舞台,形如亭台楼阁,常常是滨水而建，既可以在岸上观看，也可在湖上停船观赏。鲁迅先生的《社戏》即记载这一情形，而电影《舞台姐妹》曾重现了多个这样的舞台。江苏的苏州园林中也到处可见这样的舞台。

一种是书馆，旧时北京等地评书演出场所，一般均设有书台。台的四周装有栏杆，演员在书台上表演，台下置方桌和板凳，作观众座。这种形制不仅北京有，其他省也有，如山东济南“明湖居”即是如此形式，刘鹗的《老残游记》中即有《明湖居听书》一折。到江苏、浙江、上海等地则称书场，旧式书场有演员表演的书台，观众席有条桌、椅、板凳，可边品茶边嗑瓜子边听书。书棚子，北京天桥原为曲艺艺人云集之地，穷苦的露天表演，也有借老板书棚子表演，棚子不过是芦苇搭成，敞口，设有书台。演员在书台上表演，观众席有长桌板凳，是比较简陋的书场。现在北方园林和南方的园林中都再现了这样的书馆。

二、民俗活动

（一）民俗文化的范围

民族成员的居住、服饰、饮食、生产、交换、交通、工艺、家庭、村落、结盟、社会结构、岁时风俗、婚丧嫁娶、道德礼仪、禁忌习俗、口头文学、心理特征、宗教信仰、审美情趣，方方面面都反映了各个民族的特点。地域风俗、时令风俗、行为风俗，在时间上传承，在空间上的播布，形成了风俗的类型或模式，民俗的社会性、稳定性、传播性、变异性对旅游者很有吸引力，原因是各地的民俗对旅游者有一种新奇感，与生活贴近，十分有趣，最易使旅游者产生认同，便于他们参与，亲身体验异域的文化特征，自然感到新奇而又高兴。对民俗文化的开发、完善、精化就是对健康的、具有进步意义的良俗发扬光大，对那些严重摧残或伤害人们身心健康的陋俗加以革除，这样民俗才可以成为最活跃的旅游资源，与民俗相关的食、住、行、游、购、娱等方方面面就会发挥综合作用，使之成为与山水园林、文物古迹并驾齐驱的重要旅游产品。

（二）社会民俗

我国幅员辽阔，东南西北中，地域不同，地质地貌有别，政治、经济、文化的侧重不同，在民族、语言、历史、宗教诸方面各具特点，由此形成了多种多样的区域文化风貌。1995 年中国民俗风情游，国家旅游局开发了“北方风情卷”、“中原民俗画廊”、“大漠丝路情怀”、“江南水乡风物集锦”、“西南民族风情”、“一江两湖漫游”、“南国风情窗”等一系列特色旅游线路，当时活动目的很明确，一是中国是拥有 56 个民族的国家，每一个民族都有自己悠久的历史文化和独特的传统风俗。这是中华人民的宝贵财富，也是人类的宝贵财富，更是丰厚的旅游资源。二是我国少数民族聚居区大部分是我国旅游资源丰富的区域，有计划地向海外推出具有交通、住宿条件的民俗、民族风情旅游项目，不仅对旅游创汇有益，而且对这些地区的经济发展、社会开放、旅游业的持续发展具有重要意义。其中的旅游口号“中国——56 个民族的家”、“众多的民族，各异的风情”、“探访中华民俗风情，难忘神奇经历”对海内外游客具有巨大的吸引力。

（三）岁时风俗

这是民俗的主要内容之一。表面看是根据时令特点进行的民间活动，其实岁时风俗与其他风俗并非截然分开，它和婚丧喜庆、饮食起居、文化娱乐、礼仪习俗紧密相连，甚至它包容了这些习俗，形成了中国传统的五彩缤纷的岁时风俗事象，而各地的园林又结合自己的地域特点衍化出乡土特色的民俗事象，所以对旅游者具有永久的魅力。百姓最重视、海内外影响最大的是端午、中秋、春节，尤其是春节，大家都认为“春节作为民族节日长期保持下去的重要性不会变”。从腊月开始忙到正月十八才结束，涉及吃、穿、购、娱、游。尤其是娱乐，俗称社火。箫鼓、杂戏、高跷、狮子、旱船、太平鼓，范围之广、参加者之多、气氛之热烈、技巧之高超为海内外罕见。以上我们已列举了春节期间的游艺民俗，可贵者这些民俗都还为我国各族人民喜闻乐见，只要注意将表演和园林旅游结合，将观赏和自娱结合，形成互动式的娱乐节目就会给境内外游客的欢度佳节增彩添色。

（四）园林中的民俗内容

现在几乎所有园林都注意以动态民俗活动激活固态园林景观，深圳民俗村堪称代表，它是现代化的园林景观，有20个著名的民族景观。如侗族的鼓楼与风雨桥、独龙族的藤桥、浙江水乡的石拱桥、扬州五亭桥、成片的海南椰林、几可乱真的云南石林、金碧辉煌的西藏大昭寺等。这里固态旅游景观和动态旅游景观结合得很好，每天都有民俗表演，包括陕北黄土高原的威风锣鼓、太平伞队、戏剧《钟馗嫁妹》的舞蹈表演，以及各民族歌舞表演，等等。它们取自民俗，又加以提炼概括，从道具、服饰、灯光、舞美等方面进行加工，运用现代设备进行包装，使不同民族、不同国籍的游客都感到趣味盎然。社会民俗文化现象在时间上是传承的，在空间上是播布的。当西方文化随着建设高潮大量涌入时，人们仍旧注目回眸传统民俗文化。深圳是我国移民最多的城市，他们来自天南海北，带着各自不同的生活方式，带来了各自地域的风俗民情，操着不同的方言土语，希望结成背景、习惯、性格比较投合的“同乡会”的圈落。深圳正是以民俗风情园的有形旅游景观，向人们昭示深圳特区的新的民俗文化——包容性，只要你对深圳的归属感、认同感是相同的，那么都是深圳人。这实际上是撷取了民俗中最基本的人与人相处的法则——“四海之内皆兄弟”，“海内存知己，天涯若比邻”。

第十章

中西方园林比较

一、中西方园林文化的相同

（一）中西方都将美妙的园林看成是人间天堂

中国有名言："上有天堂，下有苏杭。"如果说杭州的自然风光占去一半位置的话，那么苏州则大半是人工化的园林了。私家园林已体现了"天堂"意味，那皇家园林更不待说了。在中国，从汉到清，整整二千年时间，皇帝园林里总要造上蓬瀛三岛，那便是神仙居住的所谓有"长生不老药"的地方。这与西方的观念是相似的。因为英语中"天堂"这个词来自古希腊文的 Paradeisos，这个词又来自古波斯文 Pairidaeza，意为"豪华的花园"。"豪华的花园"等于"天堂"，这种观念几乎全人类都是相同的。

（二）中西方都将园林看作是权力的象征和政治的情感寄托

中国的皇家园林体现的是小园林、大中国的构想，如颐和园、避暑山庄，简直就是缩小了的中国版图和中国景观集粹，充分表现了皇帝的无所不能、独霸江山的权势。西方的代表是法国路易十四时代的造园艺术，它典型地映照了那个"朕即国家”的绝对君权制度，凡尔赛宫及其园林就是这样的典范。中国是收尽全国名胜于一园，西方则是将豪华而又技术性很强的东西，统统搬入园林中，借此炫耀自己。这些都是相同的。

二、中西方园林文化的差异

（一）炫耀方式截然不同，这主要指皇家园林

中国皇帝的观念是曹操式的“宁教我负天下人，休教天下人负我”。所以在园林中，皇帝是独享游览大权的，其他人只能作为随从或侍卫，不能同他一起享乐、一起观赏。凡有碍皇帝尊严、危及皇帝安全的树木、假山等，也都得扫除与摒弃，如北京故宫后花园古树稀少，这就是主要原因。西方的国王和大贵族的园林观念不同，他们认为那是讲排场、比富豪的地方，所以他们将园林搞得很整齐，空地很大很多，以便举行酒会、宴会和舞会等。路易十四曾要求凡尔赛花园里能同时容纳 7000 人玩乐。届时，摆酒宴、放焰火、开舞会、演戏剧，天天车水马龙、热闹非凡，像过节一般。他自己则因是这一切活动的中心和指挥者而洋洋得意。所以圣西门公爵在回忆录中说，路易十四造凡尔赛花园是“为了玩，不是为了美”。以后就有人批评凡尔赛花园只适合于炫耀国王的威严，而不适于在里面悠闲地散步、思考和隐居。

（二）寄托的理想与愿望不同，这主要指中国的私家园林

西方人想将园林作为美的标志，作为散步、思考和隐居的好去处，这在西方的近现代才得以实现，但在中国，却一向如此，中国的私家园林就是闲静、优雅、曲折、含蓄，它实际就是中国士大夫和文人的处世哲学和文化审美态度的体现。而那

些在官场上失意、仕途上坎坷的士大夫和文人，他们更愿意将园林作为隐身之处，标榜“归来”和“隐逸”，其实仍是一种政治态度和相应的道德评价的体现。

三、中西方园林布局的差异

（一）突出自然风景还是突出建筑

中西方古典园林在总体布局上的一个最大区别，就在于突出自然风景还是突出建筑。

以法国宫廷花园为代表的古典主义造园艺术的突出特点，就是在平面构图上强调园林中部的中轴线，园林内的林荫道、花坛、水池、喷泉、雕像、小建筑物、小广场、放射形的小路等，都必须围绕着这根中轴线来进行布置。在这根轴线高处的起点上则布置着体量高大、严谨对称的建筑物，建筑物控制着轴线，轴线控制着园林，因此建筑物也就统率着花园，花园从属于建筑物。显然，这种园林的基本指导思想来自理性主义，是“强迫自然去接受匀称的法则”。

我国的园林则走着相反的道路。一般以自然的山水作为园林景观构图的主体，园林植物配合着山水随势相宜地自由配置，道路回环萦曲，穿插于山水、花木、建筑之间，建筑只为观赏风景和点缀风景而设置，以形成富有自然山水情调的园林艺术效果。中国人建造园林是为了追求“林泉之趣”、“田园之乐”，这种“趣”和“乐”只有令人神往的自然山水才能给予他们，人工建设的结果，只能是更加强自然环境整体的美，突出自然的美。为了要有所取，就要有所予。园林建筑这种人工因素与自然因素之间，虽然有对立的一面，但是如果处理得好，也可以统一起来。这种自然美与人工美的高度统一，正是中国人在园林艺术上不断追求的境界。

在一些风景游览区中，“山水为主，建筑是从”这一点十分明显。与大自然相比，建筑物的相对体量与绝对尺度，以及在景物构成上所占的比重，一般说来都是很小的，只处于从属的点景地位。在这种环境下，建筑布局强调“依山就势”，“自然天成”，它们穿插、点缀在自然景色之间，起着画龙点睛的作用，在自然美中注入人工美的气息，渲染着人们现实生活的情调。例如，著名的杭州西湖风景区，那里过去建造的风景建筑尺度一般不大，有些体量较大的宗教建筑如灵隐寺等，都有意识地隐蔽于山麓林木之中去了，并不去争夺自然风景中的主角地位。各种体量大小不同的建筑物，一般都与周围的环境相适应。如杭州风景区中有三个大小不同的塔，就分别建在大小不同的三个山上。在紧贴西湖、高度近30米左右的小孤山上，建有一个尺度很小、雕刻精致的“华严经石塔”，从苏堤上望去，它隐现于茂林修竹之间；在西湖北侧高达百余米的宝石山山脊上，则建有一座体量与山势相当的保俶塔，它雄拔、高耸，成为西湖景色的重要点缀；而位于钱塘江畔的日轮山上，面对着极为开阔的景界和大尺度的自然景观，则建有总高度达60米的六和塔，登塔临槛，山河景色，极为壮丽。在三个不同高度与不同环境的山上建的这三个不同的塔，它们与周围的整体环境都很相称，很协调。

（二）轮廓、线条、色彩与自然风貌是否统一

中国园林建筑与自然环境的协调还突出表现在它自身形象的轮廓、线条、色彩与自然风貌的统一上。在世界上大部分已建成的建筑物的室内空间或室外空间中，我们所能看到的大多是一种矩形的空间。构成空间的各种实体的面多是平平

整整,形成许多笔直的线条和棋盘状的平、立面网络。因为这些都是与经济性、施工便利、工业化联系在一起的,也可以说是人对自然的一种征服。但从人的情感来说,更倾向于变动的曲线,因为它更自然,更符合人心理上的节奏。未经人们改造过的自然界本来没有直线,海洋的波涛、起伏的山峦、天上的浮云、摇动着的花木,都没有平直的线条,没有生硬的对比。大自然本来就统一在拥有各种曲线、各种质感、各种色彩的和谐美的气氛之中。人类本身就是从绿地、花木、流水、山泉中生长、发展起来的,对自然的美充满一种本能的爱好。中国人在长期探索中所创造的那些丰富多彩的园林建筑形象,包括轮廓、线条、色彩,很适合这种“人化的自然”的要求。

四、中西方园林建筑的差异

建筑是技术和艺术的统一载体,其构造的合理性、逻辑性本身就具有美学品格。表现出中西方园林不同的文化意识。

中国建筑在古代《诗经》中就有“如翚斯飞”、“作庙翼翼”描述,说明即使是土木结构,也注重舒展如翼、四宇飞扬的艺术效果。中国园林建筑不仅适用,而且外部形式传达和表现出一定的情绪、气氛、格调、风尚、趣味。“使物质经由象征变成相似于精神生活的有关环境”(黑格儿《美学》)。中国建筑以木结构为主体,因木材是我国常见的材料,质地坚韧,触感很好,容易施工,而且木结构造型轻盈,屋宇更有飞扬意味,配合厚重的山墙或外墙,形成端庄和活泼的对比。中国园林建筑不是以单一的、独立的、个别的建筑物为目标,而是以空间规模巨大,平面铺开,相互连接和配合的群体建筑为特征,在严格对称的原则下,各个建筑物之间有机相连,构成多样变化又保持均衡统一的平面整体。“群”是中国传统建筑的灵魂表现,具有体积感的建筑单体,不是独立自在之物,而是作为群体的一部分而存在的。在群体建筑的相互联系和配合中,又展示出空间序列的内在深化,通过复杂的柱、梁、檩、椽等建筑工艺,实现“五步一楼,十步一阁,廊腰缦回,檐牙高啄”的意境,形成一种具有深度空间的庭院或庭院式建筑形式。

西方世界砖石构造为主的建筑体系,由最单纯的石柱桥梁、叠涩砌筑到拱券再到穹隆顶;砖石拱券由半圆拱到双圆心的尖拱;由古罗马平衡穹顶侧推力的厚重实墙,到哥特式使空间从实墙面中解放出来的轻巧的骨架券、飞扶壁。天然混凝土的应用使罗马穹顶达到了43米的高度和跨度的完整统一,独具空前的艺术表现力。西洋式古典建筑以体势雄伟宏壮取胜,通过巨大岩石的堆垒与雕刻,以单体建筑自身的巨大穹顶、高廊伟柱,哥特式教堂的尖拱、骨架券形成一种立体布局的壮伟厦堡式建筑。这种高向伸展和扩张,反映了西方文化强调个性发展的传统和外倾的民族性格。

中国传统建筑大体可以说属于人文主义的建筑,反映的不是神的秩序,而是人的秩序,弥漫着浓郁的人文精神;而欧洲近代以前的建筑则是神本建筑,充满了神的气息。这具体表现在:宗教建筑在中国传统建筑体系中一直未能占据主流地位。在都城,它没有超过皇宫;在州县,它没有超过王府和衙署。欧洲在近代以前,则一直以国家级的规格来对待宗教建筑,留下来的最重要的建筑作品便是神庙和教堂。

五、中西方游览园林过程中的审美差异

由于对自然美所持的态度不同，反映在园林艺术的追求上也就各有侧重。西方古典园林虽不乏诗意，但刻意追求的却是形式美；中国古典园林虽也注重形式，但倾心追求的却是意境美。

西方人把美划分为自然美和艺术美两个层次，并认为自然美有缺陷。为了克服这种缺陷而达到完美的境界，就必须凭借某种理念去提升自然美，从而达到艺术美的高度。这就意味着必须改变自然状态的原来面貌，而把它纳入到某种符合规律的模式中去，这种模式就是形式美。受到西方哲学和美学传统的这种影响，西方古典园林偏重于符合“数和比例”观念，更重视人的理性，寓理于景，将诗情画意都予以理性化，表现出浓厚的理性色彩。中国古典园林则注重于“景”和“情”的统一，寓情于景，强调情景交融、物我同一，将理性融化于情感之中，寻求一种诗情画意的环境氛围——意境。不仅诗歌文赋，而且书画雕塑，甚至对园林中的自然景、人工景都能以“意境”去欣赏概括，杜甫诗云“意匠惨淡经营中”，这“意”有意境、意象、意蕴、意味之谓。对“意”的刻意理解应是旅游者观赏的最高追求，而且善于将诗文与景观结合起来考察。

这种差异主要出于中国古典园林的文化背景。中国古代的造园家往往就是诗人、画家。他们不仅将文人的气质、志趣反映在园林里，而且把诗情、画意融入园林之中。而诗和画都十分注重于意境的追求，致使中国园林从一开始就带有丰富

浓厚的自然情感。意境要靠“悟”才能获得，而“悟”却需要景的触发才能启动，这就是所谓的“景无情不发，情无景不生”。中国古典园林在长期的发展中形成了自己的艺术特征：以有形表现无形，以物质表现精神，以有限表现无限，以实境表现虚境，小中见大，大中见小，最大限度地引发人们的共鸣和联想，使有限的具体形象和想象中的无限丰富形象结合起来，使真实景致与它所暗示、象征的虚境融为一体。

第十二章 名园欣赏与导游

一、北方园林欣赏与导游

（一）大型的皇家园林——颐和园（北京）

颐和园是我国最著名的皇家园林之一，世界遗产委员会评价：北京颐和园，始建于1750年，1860年在战火中严重毁损，1886年在原址上重新进行了修缮。其亭台、长廊、殿堂、庙宇和小桥等人工景观与自然山峦和开阔的湖面相互和谐、艺术地融为一体，堪称中国风景园林设计中的杰作。

颐和园由万寿山的前山、后山和昆明湖构成，占地290多公顷。万寿山是西山支脉，高59米，该山金时称金山，元时称瓮山，乾隆16年才改为万寿山，其中名园为清漪园，1860年被八国联军烧毁，光绪年间慈禧下令修复。前山的布局基本上保持清漪园的原样，但建筑已大为改观，沿着上升的山势，一层层建造了许多气势雄伟、金碧辉煌的宫殿楼阁。中轴线上以排云殿、佛香阁、智慧海等建筑最为著名。排云殿旧址就是清漪园的大报恩延寿寺中的大雄宝殿，是慈禧在园内庆祝寿辰接受朝贺的地方，以晋郭璞的“神仙排云出，但见金银台”诗取意。门前临昆明湖，有“云辉玉宇”牌楼正对排云门，

北京颐和园(图片提供:王征星)

门前两只铜狮和十二块太湖石都是畅春园遗物。排云门与二宫门之间有长方形莲池,上架金水桥。过了二宫门才是排云殿,殿前平台及铜铸陈列物均用皇宫规格。排云殿后的佛香阁建在一座高21米的石砌台基上,加上阁自身的高度,达41米,高出于万寿山顶,成为全园的中心和制高点。这座阁在乾隆时原计划建成一座九层的延寿塔,但到乾隆二十三年(公元1758年),又将已经修好的八层全部拆除,改建为佛香阁。后被英法联军烧毁,现在的佛香阁是光绪十七年(公元1891年)按原样重建的,式样仿照武昌黄鹤楼,八面三层四重檐。山顶上是智慧海,为一座两层宗教建筑。取佛教赞扬佛的智慧如海的意思,建于乾隆年间。柁、窗全用砖石,外边镶嵌五色琉璃砖,不施寸木,俗称“无梁殿”。琉璃砖上刻满了成排的小佛像。1900年8月15日,沙俄侵略军将智慧海抢劫一空,至今智慧海里嵌饰的一排排小佛像个个脸上残缺,就是那时留下的伤痕。

佛香阁西侧的铜亭，名宝云阁，是一座铜铸的佛殿，建于清乾隆二十年（公元1755年），号称“金殿”，高7.55米，重41.4万斤，歇山重檐顶，四面菱花隔扇、柱、梁、斗拱、椽、瓦、宝塔乃至匾额、对联等，都是铜制仿木结构，通体呈蟹青冷古铜色，下有汉白玉须弥座台基承托，整个阁造型精美，工艺复杂，花纹用我国传统的拨蜡法铸造。英法联军火烧清漪园时，将阁内陈设全部抢走，门窗也散失不全，只剩一张铜供桌。这座铜殿是我国铸铜工艺中少有的珍品。

排云殿两边，还依山势对称布置了许多建筑。如前山西部的听鹂馆，原是清漪园内的一座小戏楼，古人以黄鹂的声音形容优美的歌声和乐曲，故名，是清代帝后欣赏戏曲和音乐的地方。后来慈禧重修颐和园，仍建小戏楼，为两层，比德和园的戏台小得多。听鹂馆在北半山上，有一组殿台楼阁，各建筑物之间用爬山廊连接，利用山形地势的高低，筑有不同高度的平台，亭阁楼台的不同形体相互搭配，构图丰富，登阁近眺湖光山色，远眺西山美景，犹如置身画中，所以取名为“画中游”。后面山脊上还有一座宽五间的敞厅，名为“湖山真意”。万寿山东部山脊上，与画中游、听鹂馆相对应的有景福阁、写秋轩、意迟云在、重翠亭等建筑。

颐和园万寿山建筑的精华集中在前山。后山在乾隆清漪园时，原有许多壮观的建筑，中轴线上仿西藏的三摩耶式寺庙，建了松堂、须弥灵境、香岩宗印之阁、四大部洲等佛教建筑，两侧还分布了不少房屋。北坡山脚下的人工河，统称后湖，沿湖两岸是仿江南水乡建成的苏州街，又叫买卖街。这些建筑在英法联军和八国联军的两次浩劫后已毁坏殆尽。光绪时重建了香岩宗印之阁和后湖东端北岸的眺远斋。后山东麓的谐趣园小巧玲珑，自成格局，是颐和园的“园中之园”，原名惠山园，仿照无锡惠山的寄畅园而建。乾隆十九年题惠山园八景诗序说：“江南诸名墅，唯惠山秦园最古。我皇祖赐题曰寄畅。辛未春南巡，喜其幽致，携图以归，肖其意于万寿山之东麓，名曰惠山园。一亭一径，足谐奇趣。”无锡惠山寄畅园是康熙赐名的。惠山园于嘉庆十六年（公元 1811 年）重修，改名为谐趣，正是取乾隆所说“足谐奇趣”之意。这座园子也被英法联军烧毁，现在的谐趣园是光绪十八年（公元 1892 年）重建的。园中央是莲池，四面用太湖石砌岸，环池用游廊连接各座亭轩楼斋，池面上有石桥横跨，接近水面，便于观鱼。园之西北角有仿寄畅园八音涧而建的玉琴峡，翠竹茂密，流水淙淙，别有情趣。

整个昆明湖从空中俯视，被长堤隔成三部分，每一部分中间都有岛屿，相传这是模仿神话中的海上仙山蓬莱、方丈和瀛洲。沿着昆明湖北岸修筑的长廊，长达 728 米，像一条锦带把前山各组建筑连为一体，同时在山水之间画出了一条对比明显的界线。长廊共 273 间，是我国园林建筑中最长的廊道，建于乾隆十五年（公元 1750 年），英法联军烧毁后，光绪时重建。长廊中有四座八角重檐亭：留佳、寄澜、秋水、清遥。廊顶梁枋上画有西湖风景、历史人物、山水花鸟等 14000 多幅，又称为画廊，有很高的造园艺术价值。长廊西头的石丈亭边，有一只石舫，名为清晏舫，长 36 米，两层，全用巨石雕砌而成。乾隆二十年（公元 1755 年）造，原有中式舱楼，后被英法联军烧毁。光绪十九年（公元 1893 年）改建成洋式舱楼，两侧加两个机轮。舱楼为木结构，花砖铺地，镶五色玻璃窗。盛夏

时，慈禧在这里用早点吃夜宵。

昆明湖的东岸，原来因在畅春园西，称为西堤。开拓昆明湖后，成为东岸，便改称东堤。堤上有知春亭、廓如亭、铜牛等。十七孔桥将廓如亭和南湖岛连在一起。南湖岛上有龙王庙，廓如亭北有铜牛。由于南湖岛是椭圆形，像龟背，十七孔桥像龟颈，桥头廓如亭像龟头，所以关于铜牛的建置还有一个民间传说：据说颐和园竣工时，慈禧派李莲英去巡视。李莲英开闸进水，晚上点起全园灯火。正在这时，他觉得那“寿海”中的乌龟（南湖岛）忽然动了起来，霎时间，湖面波涛翻滚，狂风大作。这时墙外传来一阵牛叫，原来是墙外六郎庄农民赶着耕牛过来。听到牛叫，大乌龟不动了，湖水也平静了。第二天李莲英赶紧下令铸成一座大铜牛立在岸边，并刻上“镇海神牛”四个字，慈禧又命令在大圆岛上盖一座龙王庙，让龙王爷骑在龟身上，防止它兴风作浪。当然这只是传说而已。其实，铜牛铸于乾隆二十年（公元 1755 年），为什么要铸这座铜牛呢？有人说，昆明湖像天河，东侧铜牛，西侧耕织图，象征牛郎织女，但西岸耕织图早就不存在了。从牛背上铸的篆文《金牛铭》可以看出，造这座铜牛的目的还是仿大禹治水的故事，用来镇水。

南湖岛又称蓬莱岛，岛上的龙王庙也不是慈禧所建，早在明代就有。乾隆向东开拓昆明湖时，把周围陆地挖去，保留并修葺了龙王庙，改名为广润灵雨祠，成为湖岛，与万寿山遥相对应，成为对景。光绪十六年（公元 1890 年）重建，主体建筑为涵虚殿，南有露台，围绕石栏。慈禧把这里改成阅兵将台，亲自率领光绪以及后妃等王室成员在此阅兵。李鸿章调来北洋海军“水师学堂”新毕业的战队，把原有的小火轮改为炮舰,在昆明湖里演习水操。东西湖岸陈列炮队和马队。演习开始后,因湖水激溅上岸,慈禧不高兴,传旨停演,海军不理,继续前进。李鸿章急忙摇动令旗,水兵立即停演。慈禧大怒,说水兵只听军令不听圣旨,有叛心,从此她再也不看水操了。当时水军的起居、用膳都用一只大铜钟报时。1900 年八国联军抢劫颐和园,将铜钟移走,现挂在北大校园"钟亭"里。

颐和园的西堤贯穿昆明湖西北部,长 2.5 公里。堤上设置 6 座不同形式的桥,使水流穿行,同时点缀堤景。其中玉带桥最著名,是一座单孔拱券石桥,桥拱高而薄,像一条玉带,半圆形桥洞与水中倒影形成一轮透空明月,当年乾隆乘船去玉泉山,就从玉带桥下通过。其余五桥,分别名为界湖桥,为昆明湖和后湖的转折处;豳风桥,取《诗经 · 国风》中的诗名"豳风";镜桥,取李白"两水夹明镜,双桥落彩虹"诗意;练桥,取谢朓"澄江静如练"诗意;柳桥,取杜甫"柳桥晴有絮"诗意。西堤是乾隆时仿照杭州西湖苏堤建成的,堤上遍植垂柳,风光优美,较之富丽的北岸,别有一种清幽的情趣。

(二)历史悠久的皇家御园——北海(北京)

北京北海占地 68 公顷,其中水面占 39 公顷。北海建园

北海(图片提供:周明扬)

林始于明代，当时在东、西、北岸修起不少殿宇轩馆。清顺治年间，在万岁山上建喇嘛塔。乾隆年间又大规模扩建，成为今日的规模。全园布局以琼华岛为主，四周是宽广的水面。白塔山南坡寺院依山势排列，直到山麓岸边的牌坊，通过横跨水面的石桥与团城相连。东岸与北岸各组建筑与园林相结合，形成意趣不同的各风景点，既有江南园林的风味，又保持着北方皇家园林的特色。

现在我们进入白塔山，这是北海的中心，辽代时称瑶屿，据传已有行宫。金大定十九年（公元 1179 年）在此开挖池塘，蓄水成湖，积土为岛。堆成这座山的太湖石，是金兵攻破汴京（开封）后，从艮岳御花园里拆下运来的，至今实物还在。岛名琼华，到元朝至元八年（公元 1271 年）改名万寿山（又称万岁山）。清顺治八年，因皇帝相信佛教，特别崇敬西藏喇嘛诺门汗，便根据诺门汗的建议，在琼华岛山南麓建白塔寺，是一座喇嘛庙。山顶上有白塔，是一座藏式佛塔，高 35.9 米，塔身白色，宝瓶形，最大直径 14 米，上面承托着伞盖宝顶，底座为方形折角式砖石台基。白塔里还存有忽必烈用过的贮酒玉瓮“渎山大玉海”（现放团城）和“五山珍御榻”。

白塔山西坡山脚下，有一座两层楼宇，上下各 25 间，左右环抱成半月形，叫做阅古楼，建于乾隆十八年（公元 1753 年）。楼上存放着乾隆年间摹刻的《三希堂石渠宝籍法帖》石刻。乾隆十二年（公元 1747 年），乾隆将三王墨迹，以及内府所藏魏晋到明代的名家书法手迹编定为《三希堂石渠宝籍法帖》32 卷，命上等石工将它们分别刻在 495 块石板上。后又将石刻镶入阅古楼上下二层的墙壁，原帖仍收在故宫养心殿三希堂内。阅古楼石刻刀锋清晰，刻工精巧，是书法石刻艺术的精品，也是我国的珍贵石刻。

白塔山北坡山脚下，有一组仿照江南镇江金山寺建造的建筑群，主体建筑为漪澜堂，堂前有碧照楼，左面并排着道宁斋，斋前是远帆阁，前面有二层延楼60间，依白塔山北坡排成半圆形。延楼外有回廊，围绕着300米长的汉白玉石护栏。延楼尽头两端各有一座古堡式小楼，东名倚晴楼，西名分凉阁，是漪澜堂的两个入口，原是清帝与文人赏玩水色、吟诗作文的地方，后来慈禧在游览散心时也常在此用膳。现在道宁斋内是著名的仿膳饭庄，关于仿膳饭庄的肉末烧饼和小窝头等点心，有不少传说。据说慈禧有一天夜里梦见吃烧饼，第二天早餐桌上果然有肉末烧饼，慈禧高兴有人为她圆梦，重赏了做烧饼的厨师赵永寿，肉末烧饼从此出了名。1900年，八国联军打进北京，慈禧逃往西安，路上饿了。当时有一个名叫贯世里的人给她一个窝头，慈禧觉得好吃，回北京后叫厨师给她做。厨师不敢蒸大的，便改成小窝头，里边加了很多糖。这是小窝头的来历。1925年，原御膳房的孙绍然、王玉山、赵永寿、牛文质、温宝田等几位厨师，在北海北岸开设仿膳斋，按照清宫御厨的做法烹制菜点。1959年迁入漪澜堂道宁斋。

北海北岸有西天梵境、极乐世界、五龙亭、九龙壁、静心斋等建筑。西天梵境建于明代，乾隆时重修，其中大慈真如殿全用楠木建成。极乐世界建于乾隆年间，又称小西天观音殿，殿北的万佛楼是乾隆为庆贺其母寿辰而建，内有1万个佛龛，装有1万个金质无量寿佛，1900年全部被八国联军抢走。西天梵境西面的九龙壁，是北海最著名的琉璃结构建筑中的杰作。影壁高6.9米，厚1.42米，长25.52米，全壁用424块七彩琉璃砖砌成，底座青白玉石台基，上有绿琉璃瓦须弥座，壁为琉璃浮雕，南北两面各有9条彩色蟠龙，形态各异，奔腾在云雾波涛之中，东为旭日东升，西为明月当空。壁顶为琉璃庑殿顶，大脊饰以流云飞龙纹。除此以外，壁的正脊、垂脊、筒瓦、陇垂等处，及多彩斗拱下面也有许多龙，总共大大小小有635条龙。这座九龙壁是明万历皇帝生母李艳妃所造，她笃信喇嘛教，在宫内建了好几座楼阁，供奉西藏喇嘛教的黄教佛像；又在北海建大西天经厂，专门从事译经、印经。为要镇住火神，预防经厂失火，就在经厂门前筑起了这座有五色蟠龙和海水的影壁。类似北海九龙壁这样高级的五色琉璃九龙壁，另外还有两座，一座在北京故宫，一座在山西大同。五龙亭也是明代的建筑，建于天顺四年(公元1460年)，原名会景亭，后改名为龙泽亭，并在两旁新建四亭，东名澄祥、滋香，西名涌瑞、浮翠。五亭之间有"S"形梁石桥相连，婉转似游龙。原是帝王钓鱼、观焰火的地方。

静心斋以及北海东岸的濠濮间、画舫斋，都是北海的园中之园。布局均以山石、水池为主，配以斋庭楼轩，有游廊曲折环绕，自成天地，清静幽雅。三处又各有自己的特色。濠濮间以土岗、假山、树木与外界阻隔，有石梁横跨水面，回旋变化，极其幽深。画舫斋南接濠濮间，殿临池水，环池四面回廊，玲珑精巧。斋东还有一株传为唐代的千年古槐。静心斋又称乾隆小花园，起初是太子读书的地方。园内有幽雅的抱素书屋、韵琴斋和焙茶坞。斋北有许多太湖石假山环抱水池，假山上缀有小亭。最高处为二层的叠翠楼，高低错落，庄重而富于变化，可登临凭眺整个北海的景色。

北海的胜景很多，燕京八景中北海就占了二景。八景的说法不同，但无论哪种说法，都有北海的"琼岛春阴"和"太液秋风”二景在内。乾隆十六年(公元1751年)定燕京八景为:琼岛春阴、太液秋风、玉泉趵突、西山晴雪、蓟门烟树、卢沟晓月、居庸叠翠、金台夕照。“琼岛春阴”在明代称“琼岛春云”,因琼华岛上常有云气浮动,五彩缤纷。乾隆十六年时在白塔山东坡立碑,御书“琼岛春阴”,并题了一首诗说:“艮岳移来石岌峨,千秋遗迹感怀多。倚岩松翠龙鳞蔚,入牖篁新凤尾娑。乐志讵因逢胜赏?悦心端为得嘉禾。当春最是耕犁急,每较阴晴发浩歌。”诗的后四句把“春阴”和农事联系起来,不过是为了表明自己是一个关心耕稼的明君,而不是只知游乐的昏君。“太液秋风”在元时称“太液秋波”,明时称“太液晴波”,意为太液池在秋风晴日下波澜摇空,清明可爱。乾隆所题碑在北海金鳌玉蝀桥南,中海东岸的水云榭亭中,水云榭建在水里,云水辉映,景色优美。

北海南门西边的团城,是一处别致的建筑,高4.6米,周276米,面积5800平方米。金时是离宫——大宁宫的一部分。元时开拓成一座圆台,称圆坻,也称瀛洲。上建仪天殿,是一座圆顶重檐的殿宇,叫“瀛洲圆殿”。明永乐年间,因营建宫殿,改动了团城周围的地势,团城被圈在墙外,把中海和南海分开,仪天殿改名为承光殿。岛上原有一座木桥与岸相连,明时填成平地。又在岛屿四周用砖砌成圆形城墙,墙顶砌成城堞垛口,就成了现在的形状。团城只有两座门,东为“昭景门”,西为“衍祥门”。明代两门全开,一般是东进西出,清代不开衍祥门了。据说原因是顺治帝出天花死在养心殿,年仅24岁。当时颂文中有一句话是“子孙茂盛,长享富贵,奕叶衍祥”,奕叶是顺治的名字,有些人说只有去掉“奕叶衍祥”四字,才能子孙茂盛,长享富贵。于是团城衍祥门就关闭了。

清时北京流传着一句趣话:“团城西门一开,必出白差(皇帝即死)。”

团城的主要建筑承光殿,原是圆形的。康熙八年倒塌后重建,乾隆八年(公元1743年)大规模改建,修成一座十字形平面的方形大殿。清帝出外郊游,便到这里来换衣、用茶点。殿旁的一棵油松顶圆如盖,姿态苍劲,传为金元时所植,有八百年历史,乾隆封它为遮荫侯。另有白皮松和探海松,也是几百年的古树,白皮松被封为白袍将军,探海松被封为探海侯(现补种)。团城的珍贵文物有两件最著名。一件是承光殿内的玉佛,高约1.5米,由一整块白玉雕成,身上镶嵌宝石。相传是一个叫明宽的和尚从缅甸带回来的。这和尚很有钱,出国游历南洋,沿途大讲慈禧信佛的故事,得到各地寺院不少馈赠。大玉佛就是缅甸和尚送他的。回来时他为避免官府盘查勒索,便在车上插了“奉旨请佛”的黄旗,一路安全抵达北京。回京后被步军统领衙门治“冒旨罪”,要敲他一笔钱。明宽求李莲英向西太后奏明原委,情愿奉献玉佛,慈禧赏银五百,把大玉佛迎进了团城。另一件是玉瓮亭内的大玉瓮,又名渎山大玉海,黑玉酒瓮。元代至元二年(公元1265年)的制品,是供忽必烈饮宴贮酒用的。玉质青白中带黑,高70厘米,长182厘米,宽135厘米,周长493厘米,重约3500公斤,可贮酒30多石。瓮口椭圆形,按玉上青白色纹理刻成蛟龙、海马,出没在波涛中,线条多变,造型生动,是我国现存最大的传世玉器。原来置于大宁宫广寒殿中,后流落在紫禁城西华门外真武庙里。传说曾被道士用作菜瓮。清乾隆十年(公元1745年)发现,乾隆用千金买来,放在承光殿中。乾隆十四年又在殿前专建玉瓮亭,陈设玉瓮,乾隆写了三首七言诗,“几年萧寺伴寒齑，仍置承光焕彩霓”，命人连注释刻在玉瓮内膛。石亭柱上还刻有翰林等 40 人所赋玉瓮诗。团城的主建筑承光殿、玉瓮亭，以及亭堂、曲廊、湖石、假山、古松古柏，共同形成自成格局的景观。

（三）完备的皇家休闲胜地——避暑山庄（承德）

避暑山庄是我国清代的离宫型皇家园林，世界遗产委员会评价：承德避暑山庄是清王朝的夏季行宫，位于河北省境内，修建于公元 1703 年到 1792 年。它是由众多的宫殿以及处理政务、举行仪式的建筑构成的一个庞大的建筑群。建筑风格各异的庙宇和皇家园林同周围的湖泊、牧场和森林巧妙地融为一体。避暑山庄不仅具有极高的美学研究价值，而且还保留着中国封建社会发展末期罕见的历史遗迹。

我国清代的离宫型皇家园林，均选取郊外风景秀丽的地段建造，得自然山水之利。为满足封建帝王宫廷和园居生活的需要，建筑物数量多，类型复杂，规模与尺度较大，风格端庄持重，色彩较为富丽、浓艳。建筑过程中曾广泛汲取江南园林的建设经验，结合北方自然景色、气候条件、工程做法加以融糅。因此，在园林建筑布局上既体现了不少南方园林的设计手法，也具有自己独特的风格。

因为离宫型皇家园林具有宫廷和园林的双重功能，因此在总体布局上一般分为宫与苑两个部分。宫在前，苑在后，经过宫才能入苑。而宫廷区实际上是将紫禁城中“外朝”、“后寝”的一整套规制简化、缩小后搬入到园林中来的一个“小朝廷”。这种宫廷区，为显示帝王的威严和适应他们封建礼制与生活排场的需要，建筑群体的布局与建筑个体的设计都受到严格的规定和限制。“外朝”部分都是正殿居中，配殿分列两旁，中轴线贯穿几进院落的布置方式，形成了一个严整的空间序列；“后寝”部分大多是由较封闭的四合院组合而成。在整个宫廷区位置的安排上，还要考虑到严格的内外有别的原则。宫廷区均布置于园林的入口处，宫门也就成了园林的正门，避暑山庄就是这种格局。

避暑山庄又称热河行宫或承德离宫。康熙四十六年，兴建初具规模，称热河行宫。康熙五十年(公元1711年)，康熙在山庄的内午门上题额“避暑山庄”。园内原有宫殿庭园、寺庙等各种建筑物约120处，风景点72处，其中康熙题名36处，乾隆题名36处。虽是离宫，但山庄内的建筑不同于北京皇宫，不用雕梁画栋，飞檐斗拱，而是以朴素淡雅的山村野趣为基调，取自然山水的本色，兼有江南塞北的园林之美。这处规模宏大的皇家园林占地面积564万平方米，周围绕以虎皮石墙，随山势起伏，长达10公里，有大小10个门出入。山庄共分宫殿区和苑景区两大部分，苑景区又可分为湖区、平原区和山峦区三部分。

避暑山庄正门名丽正门，这是袭用元大都皇城正门的名字。门前题额和乾隆题诗用满、汉、蒙、藏、维五种文字。丽正门内还有一重内午门，康、乾二帝常在这里观看近侍的射箭比赛。正宫大殿名“澹泊敬诚殿”，乾隆时全用楠木改建，所以又叫楠木殿。每当夏季，殿内楠木散发出浓郁的香气。殿周有围廊，以42根圆柱支撑。北墙壁橱原贮藏《古今图书集成》1万余卷，东西山墙原挂清代绘制的《皇舆全图》，是清代疆域的全图。清帝住在山庄时，接见少数民族王公及各国使节的仪式，以及其他重大典礼都在这座大殿内举行。澹泊敬诚殿后有一座五间大殿，乾隆定名为“四知书屋”，四知指刚、柔、藏、显。《易经·系辞》说："君子知微、知彰、知柔、知刚，万物之望。"东屋里挂着嘉庆帝所写的条幅"刚柔相济政胥协，藏显咸孚治允宜"，表明他是很懂得乾隆为书屋题名的用意的。四知书屋是清帝在大典时休息更衣，以及平时召见大臣、处理军务的场所。周围回廊曲折，使庭院显得分外清旷、幽深。

正宫后面有清帝的寝宫。正殿名为"烟波致爽殿"，宽七间，正中设宝座，是皇帝接受后妃朝拜的地方。康熙说这里"四围秀岭，十里平湖，致有爽气"，所以得名。嘉庆帝病死于此。英法联军进攻北京时，咸丰帝和慈禧等逃到避暑山庄，咸丰第二年也病死在这座殿里。慈禧又在此策划了"祺祥政变"，夺取了清王室的统治权。烟波致爽殿后有一座二层楼，用假山石叠成蹬道，八面开窗，登临楼上，可俯瞰群峰朝岚夕霭。中秋月夜，后妃宫女便在此祭月祈福，帝后也来此赏月和眺望山景。在澹泊敬诚殿东面，还有一组皇太后和妃嫔所住的宫殿，名松鹤斋。乾隆母亲曾在此居住。

宫殿区北部有一组建筑，主殿为"万壑松风"，是清帝读书、批阅奏章和接见官员的地方。这里地势较高，北临湖区。布局灵活，主殿周围还有一些平房，用回廊连接。乾隆幼时，常在这里读书，陪侍康熙帝。其继位后为纪念祖父的慈爱，将主殿改名为"纪恩堂"。

宫殿区东部的一组建筑，称为东宫，这里有"勤政殿"，是皇帝处理朝政的别殿；有"卷阿胜境殿"，是乾隆奉母进膳的所在。另有一座清音阁，为清代宫廷三大戏台之一。清音阁高三层，阁内设有天井、地井和转轴等。天井可以将布景和演员从上层吊下来，表现踏云飞行从天而降的效果。地井则用绞盘将布景和演员从地下托出台面。中央地井下还建有水井,可使水从台下喷出。现戏台仅存台基。东宫之北有水心榭,是架在下湖与银湖之间石桥上的三座亭榭,为目前山庄内保存较完好的一处景区。

避暑山庄的湖水总称为塞湖,由热河泉水、山谷瀑布和雨水汇成。湖岸不作人工处理,任其自然曲折,只是由多种草木遮蔽。湖面宽阔,被洲、岛、桥、堤分割成几个湖区。堤径分三支,是湖区主要观赏线。沿堤漫步,可遥望锤峰夕照、水心榭、金山亭、月色江声等景色。堤岸垂柳成荫,湖光波影,妙手天成。这里的建筑皆临湖而建,相互照应,且多取江浙一带景观,有“一勺见江湖万里”之妙。湖的周围由于保持了原有的自然风致,恰当地利用了地形,把建筑物分成小的组群,“随山依水”,布置在优美的环境中,无大的建筑体量,又不失绚丽色彩,因而强化了浓郁的山林气息,亦有“自有山川开北极,天然风景胜西湖”之誉。之径云堤横穿湖中心,是仿西湖苏堤而建,取“若芝英,若云朵,复若如意”之意。长堤连接着如意洲、月色江声和环碧三个岛屿。如意洲是山庄的主要风景点之一,现尚存“无暑清凉殿”和“延熏山馆”等。如意洲南端建有一座亭式水殿,四面开窗,窗外水上莲叶田田,是赏荷的佳境,题名为“观莲所”。延熏山馆东有一组建筑,名为“一片云”,由门殿和两层楼及戏台组成。清帝宴赏少数民族和王公大臣时,到楼上看戏。这座楼处于高敞之地,夏秋观看云气变幻,心旷神怡。如意洲北的青莲岛上有一座“烟雨楼”,仿照浙江嘉兴南湖中的烟雨楼建成。主楼是上下各宽五间的两层楼,周围有回廊环抱,四面临水。楼东的“青杨书屋”是皇帝读书的地方。楼的东南有一方亭,东北有一座八角亭,西南为“对山斋”，斋前假山上又建一六角亭。布局玲珑精巧，环境幽雅宜人，是避暑山庄中最著名的胜景之一，不愧为“小有佳处”。如意洲东侧湖中有一座用石砌筑的假山，仿照镇江金山寺的意境而建，也名“金山”。岛的西边有码头，上岸后即有门殿五间，过门殿后经过“镜水云岑殿”，沿殿两侧半月形爬山廊可登上山阜平台。平台上建有“三间殿”和“上帝阁”，俗称“金山亭”，六角形，共三层，内供玉皇大帝，这座阁是湖区的最高点。此处建筑也很有特色，远山近水尽收眼底，步移景易，仰接云霄，俯临碧水，北固烟云，海门风月，皆归一景，所以与烟雨楼同为避暑山庄有代表性的风景点。

承德避暑山庄的自然景观特点是山、水、草原的结合。山峰不高，湖面不大，岛屿纵横交错，变幻多姿。因此，建筑物为适应环境，采取灵活分散布局形式，以突出“山庄”特色。但在分散、低矮、隐现于山林绿荫中的建筑组群中，也有主有从，有高有低，有隐有显，并按照一定的构图规律把它们有节奏、有韵律、彼此呼应地组成一个统一的整体，在空间构图上不零乱、散漫。平原区的主要风景点有“万树园”，这里北依山麓，南临湖区，占地约 80 公顷，种植各种名木佳树，西边地面空旷，绿草如茵，草柔地旷，驰道如弦，是清帝巡幸山庄时放牧的地方。园内没有任何建筑，只是按蒙古习俗设置蒙古包和活动房屋，清帝经常在此举行马技、杂技、摔跤、放焰火等活动，并在这里接见过各民族的上层人物和各国使节。万树园内专为皇帝设置的蒙古包叫大幄，也叫御幄。直径七丈二尺。搭架的梁柱都涂有金漆和朱漆，并饰有各种花纹。上面盖三层毡布，第一层是上等厚毡，第二层是麻布，第三层是四周绣黑色图案的布幔。幄内张挂壁毯，地上铺白毡，顶上挂各种精美的宫灯。包内设有地平、宝座、屏风、脚踏等各种精致家具。清帝来到山庄，必定要在此举行宴会和游乐活动。万树园旁有一座永祐寺的舍利塔，原在永祐寺内，今寺已不存。这座塔的形制仿照杭州六和塔，因而又称六和塔，是乾隆十九年所造。平原区西部的“文津阁”，是皇家七大藏书楼之一，为庋藏《四库全书》仿照浙江宁波天一阁而建。外观二层，内为三层，砖木结构，“文津阁”三字为乾隆所题，“泉声树影则权置，静对诗书趣更多”。它与北京故宫的文渊阁、圆明园的文源阁、沈阳故宫的文溯阁合称“内廷四阁”，又称“北四阁”，1915年《四库全书》运往北京图书馆。阁外有围墙环绕，自成一个院落。阁前有假山，下临清池。假山洞中有一石孔，阳光透过，便在池中映出一弯新月，有“白日观月”效果，如果有太阳倒影，又是日月同辉，别有意趣。

山峦区中最著名的风景点是梨树峪，因这里种有万树梨花，品种较多，每到暮春，花香袭人，花色如雪。峪内原有一处殿宇，名“梨花伴月”，并有专贮精美瓷器的15间房，称为瓷器库，今仅存基址。山峰绝顶，居高临下，可纵目远眺，视域广、方向多，环视园林景色常具有全景式鸟瞰的整体效果，成为游赏景色的高潮点。避暑山庄山区的四座亭子——北枕双峰、锤峰落照、四面云山和古俱亭，不仅控制了山区景域的范围，而且还沟通了平原区与山区、山区与外八庙之间的联系，成为景观上互相借资的景点。四面云山亭在山峦区西北隅高峰上，亭居于峰巅，歇山顶，四面开门窗。登顶俯览群山拱脊，远近景色尽收眼底。每年九月九日重阳节，清帝率大臣和蒙古王公来此登高赏景，举行野宴，然后启程回京。山庄东边2.5公里处有一座磬锤峰，当地叫它“棒槌山”，峰顶有一巨大的石锤斜立，下面有石台。磬锤高 38.29 米，顶部直径 15.04 米，根部直径 10.7 米，生成 300 万年以来，一直挺立不倒，为承德一大奇观。避暑山庄芳园居的山岭上，专门建造了一座敞亭来观赏这一奇景，亭名“锤峰落照”。每当夕阳西下时，东面诸峰都已笼罩在暮色之中，唯有磬锤峰映着夕晖，显得格外孤高挺拔。清帝常在近黄昏时与文武百官及少数民族王公登亭举行蒙古风味的野宴。山庄周围的奇峰异石还有双塔山、罗汉山、僧冠峰、天桥山等，它们与磬锤峰一起，组成避暑山庄的对景，使自然美和人工美融为一体。

(四)著名的祭祀园林——孔府、孔庙、孔林(曲阜)

山东曲阜三孔遐迩闻名，其中有住宅园林——孔府，祭祀

曲阜孔庙(图片提供:周明扬)

园林——孔庙，陵墓园林——孔林。世界遗产委员会评价：孔夫子是公元前6世纪到公元前5世纪最伟大的哲学家、政治家和教育家。孔夫子的庙宇、墓地和府邸位于山东的曲阜。孔庙是公元前478年为纪念孔夫子而兴建的，千百年来屡毁屡建，到今天已经发展成超过100座殿堂的建筑群。孔林里不仅容纳了孔夫子的坟墓，而且他的后裔中，有超过10万人也葬在这里。当初小小的孔宅如今已经扩建成一个庞大显赫的府邸，整个宅院包括了152座殿堂。曲阜的古建筑群之所以具有独特的艺术和历史特色，应归功于2000多年来中国历代帝王对孔夫子的大力推崇。

孔子（公元前551～前479年），名丘，字仲尼，鲁国人，儒家学派的创始人，死后不断被历代帝王追封，一直到“大成至圣先师”，庙亦称为圣庙。该庙始创于公元前478年，即孔子殁后一年，鲁哀公命祭祀孔子，“岁时奉祠”。汉高祖用太牢之礼（祭天的仪式）祭孔子，开帝王祭孔子之滥觞。至解放前，孔庙有文字记载的重修扩建就有70多次。清雍正二年，孔庙遭雷火，雍正帝亲自指挥督修孔庙，费时6年，耗银157 600两，使孔庙焕然一新，形成了目前所见到的宏伟规模。现存孔庙面积为近20公顷，南北全长1120米，前后9进院落，共466间房屋，其中有5座大殿、530座门坊、13座碑亭及其他祠、坛、阁、堂等，布局严谨，气势雄伟，建筑壮丽巍峨，金碧辉煌，宛如帝王宫殿。

孔庙祭祀的规格相当于祭天。大门前有下马石，文武官员到此必须下马。进庙要经过五道大门。正殿名叫大成殿，因孟子曾说过“孔子之谓集大成”的话。北宋崇宁三年下诏命名“文宣王殿曰大成”，政和四年御书匾额。现大成殿为明弘治年重建，雍正年间重修，阔9间，深5间，高近32米，长54米，重檐9脊，四面环绕回廊，廊上有28根雕龙石柱，是明弘治十三年（公元1500年）的原物，从历史价值和艺术价值来看，在全国的龙柱中可称第一。28根龙柱都是整石雕成，其中两边和后檐是18根水磨浅雕石柱，每柱8棱，浅刻72条团龙，前檐是10根深浮雕云龙石柱，每根柱上均刻出双龙对舞，盘绕飞腾，中间有巨大宝珠，珠子四周绕以火光焰气，柱子下部有山石波涛。每柱高5.98米，直径0.81米，由双重宝装莲花柱础承托，使大成殿显得特别气派。

大成殿前的杏坛，相传是孔子讲学的地方。《庄子·渔父》篇说："孔子游乎缁帷之林，休坐乎杏坛之上。弟子读书，孔子弦歌鼓琴。"坛即水边高处，上边多杏树，所以称"杏坛"。北宋天圣二年，孔子第四十五代孙孔道辅监修孔庙时，在这里建起一坛，周围环植杏树，名为杏坛。金代在上建亭，元重修。明又在上面改筑一个重檐的方亭，清乾隆帝为它题匾。现在亭子修得富丽堂皇，方亭重檐，黄瓦朱柱，十字结脊，四面悬山，内有乾隆的"杏坛赞碑"，是孔庙一景。

孔庙东路是孔子故宅，内有一座"诗礼堂"，关于这座堂屋还有一个有名的故事。孔子的儿子名叫鲤，《论语》说孔子有一次独自站着，孔鲤"趋而过庭"，即用小步快快地走过庭前。孔子便叫住他，教育他说："不学诗，无以言……不学礼，无以立。"孔鲤退而学诗礼。后人为纪念孔子，建此堂作为学习诗礼之所。堂始建于元代，五十三代衍圣公"名以诗礼，示不忘过庭之教也"。一般称儿子恭敬地听从父亲教导，可以用一个文雅的词，叫做"鲤庭"，典故就从这里来。清康熙、乾隆来祭祀，均在此听其后裔讲学。著名文学家孔尚任就因在此讲经而得康熙赏识被破格提拔到京为官。此处有唐槐一棵,宋代银杏一株,庭阴半亩,硕果累累。

诗礼堂后面有一块“鲁壁”,也很有名。据《汉书·艺术志》载,秦始皇焚书时,孔子的九代孙孔鲋(一说是孔腾)将《论语》《尚书》《孝经》等儒家经籍藏在孔子故宅墙壁中,直到汉武帝时鲁恭王扩建宫室拆除故宅才发现经书,因为都是用秦和战国时流行的篆文写成,所以称“孔壁古文”或“壁经”。后人为纪念孔鲋保存儒家经书的功绩,便建造了鲁壁。但清代不少学者对这件事很怀疑,如著名学者魏源就对这批古文提出过疑问。后来康有为还对古文经系统进行过考辨。

孔庙的碑林与西安的碑林、四川西昌的地震碑林及台湾的高雄市南门碑林合称中国四大碑林。孔庙碑林内存有两汉以来历代碑碣2200多块,分别收藏在碑院、十三碑亭、大成殿两庑内。

碑院内藏有宋元明清四代文人官僚的谒庙碑,共130多方,由孔子六十一代孙孔昭薰于道光十八年(公元1838年)集中起来,嵌在院墙上。真草隶篆各体皆备,书法水平很高,其中有元代著名科学家郭守敬在至元十二年(公元1275年)的谒庙碑。郭守敬在天文、历法方面作出了巨大贡献。他在至元十七年(公元1280年)制成“授时历”,以365.2425天为一年,比地球绕太阳一周的周差只有26秒,与现行的格里哥利历相等,而“授时历”则早出现三百年。

十三碑亭是从宋金元到清代陆续修建的,现存年代最早的一座建于金明昌六年(公元1195年)。这些碑亭排成两行,南面8座,北面5座,红墙黄瓦,是专为保存皇帝御制的石碑而建造的,共收入碑53座,多是历代皇帝追谥加封孔子、祭庙、修庙的记录，习称御碑亭，都由赑屃来驮。碑亭中唐代孙师范、张庭珪的隶书碑，宋代吕蒙正所撰碑文，金代党怀英撰书碑及清代翁方纲题名的碑均较著名。十三碑亭外还有 70 多座露天碑碣。

孔庙碑林中价值最高的是汉魏六朝碑林。这里有汉碑 19 块，数量之多为全国之首。其中最著名的有乙瑛碑、礼器碑、史晨前后碑。乙瑛碑又名《孔庙置守庙百石卒史碑》，立于东汉桓帝永兴元年（公元 153 年）。碑文载孔子十九世孙孔麟廉，请求置百石卒史一人，掌庙中礼器，鲁相乙瑛上奏朝廷，为朝廷准许。百石卒史就是官秩俸禄为 100 石的卒史。碑刻为隶书，笔法工整雄秀，法度森严。礼器碑全称为《鲁相韩敕（勑）造孔庙礼器碑》，立于桓帝永寿二年（公元 156 年）。碑文记叙鲁相韩敕修饬孔庙、制造礼器之事，文字杂用谶纬，不能完全读通。碑阴和侧面有 94 人题名，载明他们出资捐助的数字。碑用八分书，瘦劲如铁，变化如龙。史晨碑前后两面刻，所以又称史晨前后碑。前碑是《鲁相史晨祀孔子奏铭》，后碑是《史晨飨孔庙碑》，叙飨礼之盛。立于汉灵帝建宁二年（公元 169 年），碑为八分书，风神逸荡，姿态虚和，与礼器碑等都是学习隶书的范本。

除汉碑以外，孔庙最著名的有曹魏黄初的孔羡碑、北魏张猛龙碑、东魏李仲璇修孔子庙碑等。孔羡碑立于三国曹魏文帝黄初二年（公元 221 年）正月，因文帝下诏以孔羡为宗圣侯，奉孔子祀，令鲁郡修葺旧庙，碑也立于此时，所以又称黄初孔庙碑，碑后题曹植词。据说是梁鹄所书，风格古质遒劲。张猛龙碑是北魏碑中的极品。猛龙是北魏的鲁郡太守，因能在地方兴学传儒，所以郡人立碑歌颂他。书法俊秀遒健，清代包世臣、康有为等都赞它精能造极，兼有各家名碑之美，堪称碑学的宗祖，地位相当于帖学中的二王。经他们誉扬后，此碑格外受到世人的珍重。李仲璇修孔子庙碑立于东魏兴和三年，兖州刺史李仲璇因孔子庙颓毁，便重修立碑。并以十哲作为孔子的配祭，十哲是孔子的10个弟子，他们的塑像进入孔庙，从李仲璇开始。碑文是王长儒所书，神采超俊，康有为将它列为严整峻美之宗。汉魏六朝碑林主要在孔庙东庑内，一部分散存在各院。除此以外，唐以后的名碑也还有不少，如隋陈叔毅碑、唐兖公颂碑、宋米芾的孔子手植桧赞、米芾篆书碑、元赵孟頫的篆书碑等。

孔子手植桧在大成门内石陛东侧，相传为孔子亲手所植，原有三株，各高五丈，后多次枯而复生，又屡遭火焚。米芾曾为此撰文并书写《孔子手植桧赞》。现还有一株桧树，高16米，粗可合抱，是雍正十年复生的新枝。清人有诗云："夫子庭前桧，传来夫子栽。霜皮皆左纽，野火漫余灰。翠色滋坛杏，虬根上石苔。斯文应未丧，重发待时来。"孔庙两庑还有100多块汉画像石，其中《扁鹊针灸图》《狩猎图》的艺术价值最高。两庑北端有玉虹楼法帖石刻，是孔子六十八代衍圣公孔传铎的第五子孔继涑摹刻整理的，他在乾隆年间以书法著名，毕生收集历代法帖，斋号玉虹楼，所临摹的法帖就叫玉虹楼法帖。装裱成一百零一册，又叫《百一帖》，刻在584块石头上，分为玉虹鉴真、玉虹楼帖、瀛海仙班、谷园摹古四大类。玉虹鉴真主要临摹唐宋元明名家的法书墨迹，玉虹楼帖专刻张照的大小真草，瀛海仙班专刻张照的小楷。谷园摹古主要翻摹钟繇、王羲之、智永、李邕及苏、黄、米、蔡的书写碑帖。这些摹本比较接近原作，是很有价值的书法艺术集锦。

孔庙的东侧有孔府，是孔子嫡长孙的府第，孔子死后子孙都住在故宅，称为庙宅。宋至和二年（公元 1055 年）四十六代孙孔宗愿被封为衍圣公，从此世代相袭，直到民国。五十六代衍圣公孔希学奉旨创建府第，才成为独立的衍圣公府，占地面积 16 万平方米，有楼房厅堂 463 间，八进院落，三路布局。中路为官衙，有三堂六厅，后为内室，有前上房、前堂楼、后堂楼、配房、后五间等，最后是花园。东路为东学，是衍圣公习读之所，有兰堂、九如堂、御书楼，现仅存家庙、慕思堂、一贡堂等建筑。西路为西学，是衍圣公会客之所，有红萼轩、忠恕堂、安怀堂、南北花厅。府内厅堂高大深庄、金勾彩绘、陈设华丽、有尊贵的传世之物，包括商周铜器、名人字画、元明衣冠、档案典籍，弥足珍贵。

孔府花园，始建于明代，清嘉庆年间重修，因置数块铁质石块装点园景，故名为“铁山园”。园中顺孔府中轴线修路，将园分为东西两半，西区的道路曲折，划为几个小区，有牡丹池、芍药园、竹林、铁山、凉亭。北端建民国样式的花厅，五间，前有瘠台，四周围以瓶式栏杆，台上有凉亭，台前有“五柏抱槐”，一柏分开五枝，枝枝粗细相当，中间寄生一株古槐，柏树距今 400 多年，乾隆戏称为“五君子柏”。东区北部是旧式花厅，三间，为“翠柏书屋”，前有古藤盘曲，树龄逾 300 年，西为桂花园、荷花池，临水处有扇形凉亭，下有鱼池，池中有太湖假山三座，为蓬莱三山，全为太湖石叠砌。池上有曲桥横跨，有块石连绵，连接东西二区。观山置石开路，配林点景，颇具匠心，分明是明代的规制。

曲阜城北 1 公里处还有孔林，是孔子及其家族的墓地。通向墓地的道路两旁桧柏夹道，多植于金元，明曾补栽。墓园内南北朝高齐时曾在这里种树6万株。后园曾重修16次,增植树株5次,现共占地200万平方米,有十几万棵树,形成7公里多的长林墙,内有10多万座坟墓,都是孔子子孙。直系子孙已葬到第七十六代,从周至今两千多年间从无间断。作为一个家族墓地,年代之久远,保存之完整,在世界上也是罕见的。林内石仪成群,碑碣如林,存有汉以来墓碑2000余块,其中有李东阳、严嵩、翁方纲、何绍基、康有为等明清大书法家题写的墓碑,是研究书法及碑制演变的实物。其他还有神道、楼观、洙水桥、享殿、驻跸亭,至于石人、石马、石羊、石狮、石坊、供桌,更是随处可见,不可胜记。

二、江南园林的欣赏与导游

(一)江南皇家气派园林——瞻园(南京)

瞻园是明代开国元勋魏国公徐达王府的旧址。

徐达,字天德,今安徽凤阳人。元朝末年参加朱元璋军队,南征北战屡建奇功,是明代文武全才的大将军,官拜魏国公。死后,明太祖朱元璋念其卓著战功追封为中山王。这座王府便是朱元璋念他"未有宁居",亲赐府邸的一部分。乾隆二十二年,弘历皇帝第二次巡幸江南,曾驻跸斯园。他取苏东坡的名言"瞻望玉堂,如在天上",为园子亲笔题名"瞻园"。

瞻园坐北朝南,纵深127米,东西宽123米,总面积15 621平方米,其中建筑面积4260平方米,是南京仅存的一组保存完好的明代古典园林建筑群,在历史上曾与上海豫园、无锡寄畅园及苏州拙政园、留园齐名,并称为"江南五大名园"。同时因其有"石坡、梅花坞、平台、抱石轩、老树斋、北楼、翼然亭、钓台、板桥、梯生亭、竹深处"等著名十八胜景,名噪一时，享有“金陵第一园”的美誉。

瞻园(图片提供:杨明)

瞻园是典型的明代江南园林。一条长廊横贯南北，即使是绵绵的雨季也丝毫阻拦不了信步漫游园子的闲情逸致。园内三座假山风格各异:北假山陡峭雄峙，是明清时期的遗物，其中盘龙、伏虎、三猿三个洞明代就已出名。北假山临水处两层较大的石矶，忽高忽低有凸有凹，中有悬洞，形态自然，矶上有块“水镜石”，形似铜盘，中聚雨滴，犹如“水镜”。从构图、叠石技巧乃至功能作用与艺术效果来看，该石矶堪称我国江南古典园林石矶上品。西假山蜿蜒如龙，花木葱茏，上有“岁寒亭”。因四周遍植松、竹、梅岁寒三友，所以又名“三友亭”。

在岁寒亭的南面高坡上，还有一亭，因其形同折扇，得名“扇亭”。明代时在扇亭的遗址上曾建有铜亭，独具特色。《儒林外史》第五十三回“国公府雪夜留宾，来宾楼灯花惊梦”中就详细描述了徐达的第十一世孙徐咏邀请其表兄陈木南来家中雪夜赏梅的情景。那天正是“积雪初霁，园内红梅次第将放，园里高高低低都是太湖石堆的玲珑山子。徐九公子（即徐咏）让陈木南沿着栏杆，曲曲折折，来到亭子上。那亭子是园子最高处，望着那园中百树梅花，都微微含有红萼……”表兄弟俩坐在山顶的亭子上，一边饮酒，一边赏梅。陈木南只觉得越坐越暖，不觉连脱两件外衣，并诧异地问道："尊府虽与外面不同，怎会如此暖和？"徐九公子答到："四哥，你不见亭子外面一丈之内雪所不到？这亭子是先国公在世时造的，全是白铜铸成，内中烧了炭火，所以这般温暖。"这种利用建筑构件作取暖器的方法，在我国园林建筑中尚属罕见。

沿长廊前行，是"水院区"，这里江南园林"小桥、流水、人家"的特色尤为集中。东侧的两层古建筑——"一览阁"是全园最高点，登阁观景，园中美景尽收眼底。"一览阁"三字乃张爱萍将军所题。

静妙堂是园中的主体建筑，始建于明代，为三开间附有前廊的依山建筑，明代时，名为"止鉴堂"，是徐达晚年消闲的地方，清乾隆年间改为"绿野堂"。清江宁布政使李宗羲重建瞻园后，将此厅更名为"静妙堂"。静妙堂是南方常见的两面临池的鸳鸯厅建筑，南部的建筑格调清新淡雅，小巧玲珑，主要用于接待女宾；北部的建筑格调粗犷豪放，古色古香，主要用于接待男宾。相传在静妙堂的楹柱上，曾有一幅气势恢弘的长联，为中山王徐达晚年所撰，在清代曾广为流传。他虽是明朝赫赫有名的开国元勋，但"狡兔死，猎狗烹"，朱元璋屡屡设计加害，皆被其巧妙应付躲过，但过后仍不免心有余悸，郁郁寡欢。为了抒发自己壮志难酬的情怀，于是拟就上联"大江东去浪淘尽千古英雄，问楼外青山山外白云何处是唐宫汉阙"，上联书成，却左思右想凑不成好的下联。于是徐达就命人在瞻园的门口张贴了一张告示，千金征取下联。时过不久，一位书生欣然揭榜入园，欣赏了瞻园的美景后，挥就下联，"小苑春回莺唤起一庭佳丽，看池边绿树树边红雨此间有舜日尧天"。这副对联上联写英雄气势恢弘，下联写美女，与上联对仗工整。书生可贵不仅在于肯定徐达金戈铁马、叱咤风云的功绩，而且婉劝徐达不必为功名耿耿于怀，大可以尽情领略山水花月，自求解脱。徐达见后大加赞赏，命人取千金赠予书生，书生笑而不纳。徐达更为敬重，便设宴款待书生，开怀畅饮，尽醉而散。后来徐达便把这副楹联镌刻在楹柱上。今天我们看到的这副长联，是由张爱萍将军题写的。

"静妙堂"把全园分成两部分，南大北小，南闹北寂，南水动北山静。置身"静妙堂"的南厅平台，但见南假山花木葱茏，瀑布飞泻；池水碧波粼粼，红鱼遨游。假山由绝壁、危崖、山谷、水洞、瀑布、洞龛、步石等组成，共用了1800多吨太湖石堆砌而成。由于在堆砌的过程中非常注意纹理和层次的变化，宛若天成，使南假山和水池形成了"一卷(拳)代山，一勺代水"的艺术效果，让人有高山仰止、山谷深远、水源不尽的感觉，实为园林艺术的一大杰作。

瞻园在明代时，就以石著称，尤以湖石闻名遐迩。坐落在静妙堂东侧的这块奇石名为"雪浪石"，相传石上三字为北宋文学家苏轼手书。苏轼生前酷爱收藏奇石，在河北定县时，曾用大盆盛黑白石脉，激水其上，并名其室曰"雪浪斋"。他还专门做了一首《雪浪斋铭引》，诗曰："画师争摹雪浪势，天工不见雪斧痕。"这块雪浪石分明取意于东坡轶事，像一团击在石上的浪花，又像一团积雪。随着太阳自东至西的照射，正在渐渐地融化。石头正面有无数大小不同的涡洞，背面是条条

形同雪浪的斜纹,涡洞与斜纹有着极强的透视感和动态感,湖石虚实变化,令人百看不厌,回味无穷。

拾级而上,循廊往北,过半亭,湖石“依云峰”映入眼帘。它宛若天际飘落的一朵云彩,与四周的桂花树相对,更出落得挺拔清秀。每到中秋,满树飘香,令游人驻足忘返。与桂花院一墙之隔的便是“致爽轩”,顾名思义,这是园中最凉爽的去处,“致爽轩”与边门门厅之间有一略呈方形的小院,便是“海棠院”。海棠树下耸立着一座玲珑剔透的“仙人峰”,这便是园中的镇园之石。据史料记载,北宋皇帝宋徽宗赵佶爱石成癖,北宋末年,他在东京(今河南开封)建御花园“寿山艮岳”,特派宠臣朱缅主持苏杭应奉局,在江浙两省采办湖石。凡发现民间一石一木中用的,即直入其家,破墙拆屋,劫往东京。当时这种运送花石的船队,每十船为一纲,号称“花石纲”。方腊农民起义时,运送“仙人峰”的这批花石纲正遇上江南地区的梅雨季节,道路泥泞,无法成行,民工们索性揭竿而起,加入方腊农民起义的队伍,这批湖石也因此散落在江南各地。明万历年间,徐达的第九世孙嗣国公徐维志开始在瞻园大兴土木,引流为沼,挖池叠山,建堂造亭,并“收购四方奇石”,仙人峰便是在那个时候落户瞻园的。这块石头包容了太湖石的“瘦、皱、漏、透、秀”五大特点。“瘦”,苗条俊秀,临风玉立;“皱”,石上皱褶纵横自然,形态各异;“漏”,石洞相套,百窍通达;“透”,玲珑剔透,浑然天成;“秀”,姿态奇巧,峻峭挺拔。更可贵者是以仙人峰为主峰,周围山石堆叠保存了明代的手法,以整体气势取胜,又注意和建筑水系的和谐。

沿长廊西行,一组封闭式庭院呈现眼前,院内以花阶铺地,使人们在欣赏周围景致时,还可以注意到脚下铺地的变化，观景情趣油然而生，这便是明代瞻园——“梅花坞”所在地。据史料记载，明代时瞻园曾是植梅胜地，入清鼎革，瞻园更以梅花取胜，清代文学家吴敬梓在《儒林外史》中就描绘了瞻园种植几百株梅花的胜景：“天气昏暗了，那几百株梅花上都悬了半角灯，磊磊落落，点将起来，就如千点明珠，高下照耀，越掩映着那梅花枝干横斜可爱。”清代诗人袁枚也写下了吟诵梅花坞佳作：“一轮明月照，满树白云空，春到孤亭上，香闻大雪中。”这座建筑名为“籁爽风清”堂，堂前两副对联“每当孤云招野鹤，频携樽酒对名花”，“案无俗事心常静，庭有梅花梦亦清”，就是往昔梅花坞的真实写照。在庭院南端耸立一组形似苍龙飞舞的假山群，它由100多吨体态多变的太湖石堆砌而成，体大中空，有石洞穿行其间，水流回旋，石桥连贯。这组假山群是1998年城市道路拓宽时，由邻近的太平天国信王府整体搬迁而来，为幽静典雅的瞻园再添新景。

瞻园以山石为主景，以水系为衬托，以花卉为装点，集天地之灵气，犹如仙境梦幻，真正是“瞻望玉堂，如在天上”。

（二）民国名园——煦园（南京）

煦园，久废久兴，其最辉煌的时刻当为民国，伟大的革命先行者在此运筹帷幄，决胜千里。大家知道中国古代男女联姻提倡这么一句话叫“门当户对”，何谓“门当”、“户对”呢？朱门两侧各有圆形石鼓一面，它们即为“户对”。至于“门当”，请大家向上看，门楣上横出部分，就是古人悬挂红白喜、寿幛用的“门当”。“门当”和“户对”是古代大户人家的标志性建筑。它们有着非常严格的规定，从“门当”、“户对”的形式上就可以看出主人的身份和地位。故而家中儿女联姻时，如果亲家家里的门户尊崇，即是门庭光耀；而如果亲家家中门第卑微，那么就是有辱门楣了。旧时封建社会等级制度的森严，可见一斑。

经过这道门，再向前走，第二道门才是煦园的园门。园门两旁的粉墙蜿蜒起伏，像一条守护着名园的巨龙。这样的园墙，就是龙墙，在龙墙上开一个门，是不是龙门呢？大家再向左边看，这一块假山石像不像一条跃跃欲试的鲤鱼呢？大家可不要小觑它，它的来头可不小呢。据说它原是天上的一条鲤鱼精，偶然听说人间有一座风景如画的煦园，便从天上下到人间，想跳入园中游览一番。一入园中，见到如此美丽的风景，连跳龙门的使命都忘了，于是伸长脖子张大嘴，赏玩煦园了。这一玩就是五百多年。

煦园（图片提供：杨明）

步入园中，首先看到的是南假山。江南园林中筑山是极为重要的一个环节，园中的假山往往模仿自然山峦叠造，追求一种“虽由人作，宛自天开”的艺术效果。但煦园中的假山，却没有墨守成规。它多是平地起山，暗藏万壑。不仅有模拟真山的山林野趣，而且还多了份奇峰兀立、洞石相通的精致与灵气。值得一提的是，北假山中还暗隐了十二生肖石，大家如果有兴趣的话，可以找一找，如果找到您的生肖，好运定会与你相随。

假山之侧，是一座造型典雅的建筑“桐音馆”。细心的朋友可能您已经看到了，此馆北侧种植了几株梧桐树。据说每到下雨时，风声和雨点袭过梧桐叶都会发出沙沙的声音，好像是一支悦耳动听的乡间小曲，古代的文人雅士就坐在馆中倾听雨打梧桐的清音，故而此馆就以“桐音”命名了。另一说桐音即琴音，引申为知音，家有梧桐树，便引凤凰来，暗示这里是主人招待知心好友之处，故名“桐音”。

桐音馆的东侧，是一座造型奇特的亭子。它有两个顶，却只有一个底。由于它的底部是由两个菱形的图案组成，而这种图案是古代仕女插在头上的饰物，叫方胜，所以这座小亭就叫方胜亭。两个一般高矮的亭顶刚好与太平天国男女平权的思想相吻合，暗喻男女情人愿为鸳鸯，比翼双飞。

一路分花拂柳，迤逦行来。我们现在看见的就是煦园的水体了。煦园的水面布局也有别于一般的江南园林。一提起江南园林的水体，大家首先想到的必定是小桥流水，浅塘湾涧。而煦园中的水体则平且直，不随和于曲水蜿蜒的情致，但却多了一泻千里的豪气，令人视野开阔。位于水体北端的亭亭画舸，就是著名的不系舟。“不系舟”典出于庄子的《南华经》“巧者劳而智者忧，无所为者无所求，饱食而遨游，泛若不系之舟”。意思是能干的人总是很劳累，即常说的能者多劳，而所谓的聪明人因为想得太多而时常烦忧，唯有对生活知足常乐的人才能保持一份快乐的心情。他们解决了自己的温饱后便四处游历，好像是一只无拘无束的船儿一样。

这座精美的石舫是清代两江总督尹继善为了迎接乾隆皇帝下江南而兴建的。当然尹继善建这艘石舫绝不仅仅是为了附和庄子的学说，他真正的用意何在呢？大家也许听说过唐太宗有这样一句名言："水能载舟，亦能覆舟"。在这句话中，水指黎民百姓，舟指君王。老百姓可以将帝王推上政治舞台，也可以推翻暴君的强权统治。所以帝王的成败是建立在百姓拥戴与否的条件上的，但是尹继善献的这艘船是一只石舫，是不会沉的，这就蕴含了江山永固、大清百代的含义，无怪乎乾隆坐上不系舟后龙心大悦，亲笔题写了"不系舟"这三个字。遗憾的是因年代久远，乾隆的御笔已不知流落何方。我们现在看到的这三个字是由江苏著名书法家费新我先生所题写的。

不系舟的南侧，是两层高的望亭一座。昔日，这里是天王府中探视后宫的地方，而现在却是观看煦园风光的大好之地。

站在望亭上，向北望去，煦园的水面设计也并非无章可循，大家看，整个水面像不像是一只花瓶。南为瓶底，北为瓶口。故称作"太平湖"。确切地讲，应称作"太平池"。池壁所有的青砖都是太平天国将士当年从明故宫城墙上拆来的。设计者独具匠心，将水池砌成瓶状，借"平"和"瓶"的谐音，取"平等"含义，希望早日实现祖国统一、天下太平的心愿。

在太平湖的东西侧为"夕佳楼"，"夕佳"二字典出于晋代陶渊明的饮酒诗"山气日夕佳"之句。据说夕佳楼是全园观斜阳最好的地方，洪秀全晚年时最喜欢在夕佳楼上眺望斜阳。

与夕佳楼隔水相望的是“忘飞阁”。传说此阁刚落成之际天上飞来了几只喜鹊,鸟儿停在了此阁的飞檐之上,望着园中美景,深深沉醉,乐而忘飞,所以人们就根据此景给它命名为“忘飞阁”了。太巧了,向忘飞阁的顶上望去,那几只喜鹊还停在上边呢。而所有的这一切又都倒映在太平湖中,“瓶”中有天地,实在是别有一番情致。

下了忘飞阁,一路北行,现在我们眼前的建筑,就是孙中山先生任临时大总统时的办公处。这座西洋式的花厅原是清代两江总督张人骏在洋务运动中建造的,自西向东依次为临时休息室、书房、小会议室、衣帽间和大会议室。那间大会议室也称东暖阁,里边陈列了不少民国时期的资料和孙先生的遗物。1912 年 1 月 1 日,年届 45 岁的孙先生就是在东暖阁宣誓就任中华民国临时大总统的。在此之前,很多记者纷纷前来采访从海外刚刚归来的孙中山先生。不少人猜想孙先生此行必定携带了大量钱款。谁知孙先生在到达总统府后没多久就对大家说:“我这次从海外归来,报纸说我带有巨款,其实我是不名一文,带回来的只是革命精神。”在场众人闻之肃然起敬,深受鼓舞。在孙先生当年工作过的地方遥想先生的豪迈英姿,大家的心里也会生出无限的感慨吧!

走出东暖阁,继续沿着太平湖向北,前边有一幢黄色的建筑掩映于绿树丛中,它就是“子超楼”。“子超”是国民党元老林森的表字,这间小楼是蒋介石办公的地点。现在它是江苏省政协的办公驻地,同时,它也是正在筹建中的中国近代史博物馆的一部分。中国近代史自中英签订《南京条约》开始,至人民解放军占领总统府为终,正是由于这个原因,在总统府建馆,意义自然非同一般。而等到那个时候,大家也就可以去看一看蒋介石的办公室究竟是怎样的一个“庐山真面目”了。

大家此刻见到的这间古色古香的大屋子就是“漪澜堂”了，现为太平天国史料陈列馆，馆名是由我国著名的艺术大师刘海粟先生于88岁高龄时所题的。堂中陈列着洪秀全坐像一尊和天王府复原模型一组。从这组模型中我们不难看出现在的煦园只是规模宏大的天王府中的一小部分，湘军头目曾国荃在洗劫天王府后又付之一炬，无怪乎清人何绍基诗云：“十年壮丽天王府，荒庄化作野鸽飞。”

漪澜堂东北部，有一四合院，院内有小楼一座。楼上为孙先生的起居室，楼下则为警卫的居室，现已按原样恢复。楼下又辟了一间作为孙中山先生和宋庆龄女士的照片展室，可供各位参观。

由孙先生的起居室向南，我们来看一下这座茅亭。在看了那么多庄重华美的建筑后看到这座亭子，可否让您倍感清新呢？整座小亭都是以不剥树皮的棕榈树干搭成的。这座亭子的“原籍”是在广西，那为何它“不远千里，落户南京”呢？原来，建此亭是天王洪秀全的授意。据说当年洪秀全领导的“金田起义”兴事之初，就是在这样的棕榈亭下议政的。来到南京后，天王即命人在天王府中修建此亭，希望借它来激励同仁不忘旧时创业之艰难。

亭后的假山，是园中的北假山，它与南假山遥相呼应，追求南北景观的和谐与统一。假山中有道光皇帝旻宁赐给两江总督陶澍的“印心石屋”碑一块。此碑是旻宁有感于陶澍在资江边印石上苦读诗书的事迹而亲笔题写的。以后，陶澍和他的子孙每到一地任职，都要将这块石碑带上，所以，在其他的城市中，您也许也曾见过这块碑，这就代表着陶澍或者他的子孙在当地做过官了。

不知不觉,我们在总统府中绕了一圈了。最后,大家随我来看一看碑亭。这座亭子很小,但亭中石碑上刻的诗句名气却不小,“月落乌啼霜满天,江枫渔火对愁眠。姑苏城外寒山寺,夜半钟声到客船。”自唐代张继题下这首《枫桥夜泊》后,诗韵钟声,流誉古今。后来,此诗传到了日本,日本人非常喜欢,还将它编入小学教材之中。在日伪时期汪精卫为了讨好日本人,叫人参照苏州寒山寺的古碑重刻了一块运至南京,准备参加日本的博览会。但汉奸卖国,石碑以之为耻,后未能运走而留在了煦园之中。这块石碑虽是复制品,但与苏州的原碑十分神似,可谓是“姐妹碑”。

各位朋友,在园中,我们不仅可以领略到江南园林的风采,更可以看到与中国近代史上众多名人有关的历史遗迹,赏名景,品古迹,相信您一定可以体会到总统府之所以备受人们关注的原因了吧!

(三)古老的园林——沧浪亭(苏州)

沧浪亭是苏州园林中最古老的园林,它位于苏州城南三元坊附近,全园布局自然和谐,构思巧妙,手法得宜,是江南现存历史最为悠久的古典园林之一。据史料记载,沧浪亭原为五代吴越广陵王钱元璙的别墅故址,也有一说,沧浪亭是曾当过吴越中吴节度使的孙承祐所筑。宋朝庆历年间(公元1041~1048年),诗人苏舜钦以四万钱把这座花园买下来,并临水筑亭,因感于渔父《沧浪之水》歌“沧浪之水清兮,可以濯吾缨”之意,题名为沧浪亭。苏舜钦自己还作了一篇《沧浪亭记》,该记证明了苏舜钦所买的这片园子,是孙承祐的旧园。苏舜钦是北宋仁宗时宰相杜衍的女婿,因杜衍与范仲淹、富弼等改革政治，遭到小人忌恨，苏舜钦也受连累，为一点小小的事由，被罢去集贤校理、监进奏院的官职。无罪遭贬，心中自然有难以排遣的郁闷，但他达观自适的性格使之超然物外，于是携带妻儿来到苏州，买水石，作沧浪亭，在此啸傲风月，以“安于冲旷”来发散胸中的郁闷，记文描写当时的沧浪亭是以水竹相映、一片澄翠为特色的，水前有土阜，林木繁盛。

苏舜钦死后，沧浪亭屡易其主，但大体上仍保持了当初的山水格局和园的风格。后为章氏所有，他在扩大花园、建筑大阁的同时，又在山上砌堂。沧浪亭北面，跨水有一座洞山，章并而得之，在动工的时候，发现地下都是一些嵌空的大石，据说是五代广陵王所藏，于是因地制宜加以扩展，形成两山相对之势，终于成为一座大型花园。

南宋初年，沧浪亭一度成为抗金名将韩世忠的“韩园”。元明时期，此园易作僧居和庵堂。明代复建沧浪亭，归有光为此作记。现在沧浪亭布局的主要基础是在清康熙年间经大修而形成的。清同治年间，为纪念出生在苏州或在苏州做官的名人，园内建“五百名贤祠”，也即五百名石祠。“五百名贤祠”中的人物是从吴季札至清末以前2000多年间与苏州历史有关的人物，均以石刻平雕，铁线银勾，眉眼毕现。名贤祠的右边是仰止亭，壁上嵌有明代书画家文征(徵)明画像石刻，走廊壁上有“沧浪五老图咏”、“朱瑸记七友图”和“沧浪水坐图”等石刻。出仰止亭往西，有砖刻照壁一座，嵌有云龙、人物、古代战争等。这些砖刻、石刻均出自百年前苏州名匠之手，虽出众手，风格各异，但总体和谐，极为生动。

俗话说“水令人远，石令人幽”，沧浪亭园外景色因水而起，园门北向而开，前有一道石桥，一湾池水由西向东，环园南去清晨夕暮，烟水弥漫，极富山岛水乡诗意。园中一丘一壑，平淡原无足观，不能与他园争胜，但这园外一笔，妙手天成，可谓“不着一字，尽得风流”。

沧浪亭的特点一是以山景为主，园外有一带开阔的水面，称为“葑溪”，造园人没有将这片水与山景组织在一起，也没有用高墙将它挡在园门之外。园内布局以山为主，入门即见黄石为主、土石相间的假山。山上古木新枝，生机勃勃，翠竹摇影于其间，藤蔓垂挂于其上，小院兰香，时盈客袖，粉墙竹影，天然图画，静观雅游，作画题诗，看不尽夜雨春水，赏不够乳鸠对鸣，自有一番山林野趣。建筑亦大多环山，并以长廊相接。但山无水则缺媚，水无山则少刚，于是在临水的一面用曲折的复廊环绕。复廊中用花墙分隔，墙上开有各色漏窗，漏窗均为自然花样，图案精美，无一雷同，园外水景从漏窗透入，园内园外似隔非隔，空间相互渗透。复廊两面可游，内侧可透过花窗观园外之景，又可直接观园内之景，外侧临水的一面则可窥见园内的山景，内外连为一体，小景化为大景，景观层次增加，连身在园外之人亦有置身园内之感，甚至有外景胜于内景之说。这样的复廊使园内的山阜几乎横贯全园，山上浓荫蔽日，岩石叠出，曲径幽深。二是亭的处理，西部环山处布置了一个岸壁陡峭的渊潭型水面，沧浪亭原临水边，后被康熙时巡抚宋荦移到土山上。亭中有文征明所题“沧浪亭”三字，亦有清俞樾所作对联“清风明月本无价，远山近水皆有情”。

沧浪亭的造园艺术因其敢于破格而非同凡响。它突破高墙深园的常规，通过复廊、漏窗，使园内外景色融为一体。一泓清水绕园而过，隔河相望，廊阁起伏，波光倒影。因游人需漫步渡桥才能进入园中，颇有“未入园林先成景”之功效，这种善用借景的手法成为沧浪亭造园艺术的独到之处。园内重岩复岭，翠竹丛丛，园外有一小溪，构园时通过沿水建以复廊和亭台，将园外小溪借入亭内，巧妙地弥补了园林本身缺水的弊端，突破了苏州园林封闭高墙、幽然深锁、开畅不足的缺憾。简朴大方，显出了自然美和人工美的互融互补。

（四）规模宏大的私家园林——拙政园（苏州）

拙政园是我国“四大名园”之一。1961 年 3 月 4 日国务院颁布的第一批全国重点文物保护单位名单中，属于园林方面的有四处：拙政园、颐和园、避暑山庄、留园。其中两处在北方，是我国皇家园林的代表作品；两处在苏州，是我国私家园林的代表作品。拙政园被誉为吴中名园之冠，其布局以“毫发无遗憾”著称。

拙政园之所以有这么高的知名度，其一是因为它是江南古典园林中的佳作，其布局设计、建筑造型、书画雕塑、花木园艺等方面都有独到之处，被誉为“天下园林之母”。其二是因为它是数百年来苏州风云变幻、地方盛衰、文苑风流的一个侧影。晚唐诗人陆龟蒙宅在此一带，其地低洼，有池石园圃之属，不出郛郭，旷若郊墅。北宋山阴丞胡稷言居此，就蔬圃凿池，名五柳堂。其子峰取杜甫诗“宅舍如荒村”意而名“如村”。元代为大弘寺。张士诚据苏时，此处及任蒋桥等地俱属潘元绍驸马府。明御史王献臣解官归后，占大弘寺和道观弄（在现拙政园东、中部之间）宁真道观址改建宅园。拙政园还为许多在历史舞台上叱咤风云的人物提供了活动场所。有明末御史、刑部侍郎王心一，有清时江南文豪钱牧斋和爱妾柳如是，有清初海宁籍弘文院大学士、礼部尚书陈之遴，有平西王吴三桂的女儿、女婿，有太平天国忠王李秀成，有江苏巡抚李鸿章和张之万。辛亥革命后江苏都督程德全通告全省，在园内召开江苏临时省议会；抗战胜利后，爱国诗人柳亚子在园内办过“社会教育学院”。相传，康熙年间，《红楼梦》作者曹雪芹的祖父曹寅担任苏州织造，织造衙门设在葑门，而家眷就住在拙政园内。曹寅升迁江宁织造时，推荐内弟李煦接替，家眷住在园内达二三十年之久。

这是正门，是清水砖砌的墙门，上方有砖雕贴金的门额“拙政园”。明代正德四年（公元1509年）。御史王献臣（字敬上，号槐雨）因官场失意而还乡，以大弘寺址拓建为园，园内亭台楼阁，小桥流水，古木参天。拙政园的园名是据西晋潘岳的《闲居赋》中“灌园鬻蔬，以供朝夕之膳，是亦拙者之为政也”之句缩写而成的。王献臣于明代弘治六年（公元1493年）中进士，升为御史，但仕途不顺利，曾两次被东厂缉事诬陷，动过刑，下过狱，被贬为广东驿丞，后任永嘉知县，罢官后居家，心里的痛楚无法言表。他对文征明讲：“昔潘岳氏仕宦不达，故筑室种树，灌园鬻蔬，曰：‘此亦拙者之为政也’……吾仅以一郡倅老退林下，其为政殆有拙于岳者，园所以识也。”他要像潘岳一样隐退于林泉之下，要像陶渊明一样守拙归田园。这个园名，反映了王献臣当时那种既无可奈何，又想自我解嘲的复杂心态。嘉靖十二年文征明《王氏拙政园记》云：“王筑室种树，享闲居之乐二十年于此。”明隆庆《长洲县志》云：“拙政园广袤二百余亩，茂树曲池，胜甲吴下。”

拙政园分为三个部分：东部，曾取名为“归园田居”，以田园风光为主；中部，也称为“复园”，以池岛假山取胜，是拙政园的精华所在；西部，也称为“补园”，园内建筑物大部建成于清代，其建筑风格明显有别于东部和中部。拙政园没有明显的中轴线，没有传统的对称格局，大都是因地制宜，错落有致，疏朗开阔，近乎自然，是苏州诸多园林中布局最为成功的范例。

经过“通幽”、“入胜”腰门，来到拙政园的东部。东部花园的南部有一座三开间的堂屋，名为“兰雪堂”。“兰雪”两字出自李白“春风洒兰雪”之句，象征着主人潇洒如春风，洁净如兰雪的高尚情操。清沈德潜作《兰雪堂记》，称“园中古藤奇木，名葩异卉，山禽怪兽，种种备焉”，而西邻拙政园则“莽为丘墟、荡为寒烟”。乾隆中其后嗣刊行王心一遗著《兰雪堂集》，因王在明末谋起兵抗清，事泄饮鸩，有人以此谮毁，家人惧祸他徙，园渐荒芜亦未能出售。

走出“兰雪堂”，迎面看到一座假山，青翠的竹丛和古树，簇拥着一座巨大的石峰，状如云朵，岿然兀立，西侧有两块形状怪异的湖石，两石中间夹着一条羊肠小道。中间这座石峰叫做“缀云峰”，像一个巨大的屏风，挡住来宾们的视线，这种“开门见山”的造园手法，被称作为“障景”，起着引人入胜的作用。

过了假山，才看到拙政园东部的主要景色。王心一以“归园田居”立意，园内有山岛、荷池、松冈、竹坞，是一派田园风光，而“秫香馆”、“天泉阁”、“芙蓉榭”又使之多了富贵气。

“芙蓉榭”，就是建筑在荷花池边上的水榭。正面一池荷花，背后是一堵高墙，一边开阔、一边封闭的强烈反差，恰如其分地烘托了宁静的气氛。加拿大温哥华“逸园”中的水榭，就参照了这个设计。

“天泉阁”，矗立在一片翠绿的草坪上，攒尖戗角，重檐八面，在蓝天白云下显得格外醒目。相传，这里原来是元代大弘寺的遗址。筑园时,在寺井上造了"天泉阁"这座建筑物,从外面看似乎是两层,在里边看却只有一层。站在"天泉阁"的戗角下,凝视飘动的浮云,似乎感到楼阁正在蓝天中翱翔。这些戗角,除了有利于采光和通风外,主要是为了增加动感和美感。

"秫香馆",顾名思义,就是观赏稻麦飘香的地方。"归园田居"的主人在园林内造有秫香楼,"楼可四望,每当夏秋之交,家田种秫,皆在望中"。

值得一提的是,西南角樟树旁,有一处池岛假山小品。这座湖石假山上顶着一块大石头,外形很像一只翻底待修的小木船。前面湖面开阔,四周灌木丛生,不远处有几株芦苇,正像太湖边上一个小小的港湾。主人劳碌了一辈子,卸任还乡,在远离京都的苏州,他们找到了安静的"港湾"。这里风俗清雅,物产丰富,既可以享尽清福,又可以避开政敌,成了达官贵人隐退后选择的最佳地点。以"避世、淡泊"为主题,营造山林野趣,在独立的小天地里实现自己的人格理想。正所谓"扁舟一叶,浪迹天涯,人迹罕至,方为我家"。

走过一条长长的复廊,那墙壁上开有25个漏窗,就像精雕细作的剪纸图案,镶嵌在长长的画轴上面。人们信步走在游廊里,随着漏窗花纹的更换,园内的景色也在不断地变幻。不同的图案表现的都是水波纹和冰裂纹,池中欢快的涟漪叠印在窗上凝固的波纹上,更加渲染了苏州水文化的氛围。这是清代著名美学家李渔所说的"无心画"的具体体现。

打开复廊里的黑漆大门,就来到了中部花园,这里池面宽广,景色秀丽。亭台楼阁之旁,小桥流水之上,古树花木之间,屹立着一座主塔,给人以一种"庭院深深深几许"的感觉。

拙政园的中部为全园精华，面积近1.3公顷，水面占了1/3。布局以水为中心，有聚有分，聚处则浩渺旷荡，分处则迂回曲折，水与陆又重重交错，其间以平桥相通，长廊相接，林卉轩榭相映发，楼阁假山相顾盼，形成疏朗自然、平淡天真、富有江南水乡景色的艺术风格。中部花园以水面为中心，利用山岛、洲渚及水的分流聚合分割空间，构成了三个大景区：

第一个景区，池岛假山、山塊的“梧竹幽居”、山顶的“待霜”亭和“雪香云蔚”。池岛假山，也称为水陆假山，是中部的主体假山。从东面看，一山高过一山；从南面看，一山连接一山；从西面看，一山压倒众山。用绘画术语来讲，分别是“深远山水”、“平远山水”和“高远山水”，这是元代倪云林“三远”画法在园林中的成功运用。“梧竹幽居”俗称“倚虹亭”，是因其靠在形似长虹的复廊上而得名。“梧竹幽居”造型别致，四个大大的圆洞门使人马上联想起八月十五晚上的月亮。站在亭子里向外看，这四个圆洞门又恰似四个巨大的镜框，镶嵌着苏州园林一年四季的风光。南面桃红柳绿，西面嫩荷吐尖，北面梧桐秋雨，东面梅花怒放。两旁有一副对联：“爽借清风明借月，动观流水静观山。”慢慢品味，细细咀嚼，眼前似乎出现了两幅山水图画：一幅是皓月当空，夜色朦胧，清风徐来，沁人肺腑；另一幅是阳光明媚，鸟语花香，心动水动，心静山静。

跨过九曲石板桥，沿着弯弯曲曲的山间小道缓步登山时，迎面见到的是“待霜亭”。“待霜”出自唐代苏州刺史韦应物“书后欲题三百颗，洞庭须待满林霜”的诗句，字里行间透出了一股霜浓橘红的山野气息和泥土芳香。穿过丛林，越过小溪，步上石阶，就来到了“雪香蔚亭”，它位于岛的中央制高点。在这里向周围瞭望，觉得中部花园像一幅苍劲古朴画卷展现在面前。在这幅画轴上，有高有低，有近有远，有大有小，有宽有窄，有疏有密，有闹有静。“山花野鸟之间”的楹额和“蝉噪林愈静，鸟鸣山更幽”的对联真是解得妙，题得巧。

中部花园的第二个景区是以荷花池水为中心，围绕水面有“荷风四面”、“香洲”、“见山楼”、“小飞虹”、“小沧浪”、“倚玉轩”和“远香堂”等景点。

湖中岛上有“荷风四面亭”，这里四面环水，三面植柳，真是绝佳的风景点。“荷风四面亭”上挂有一副对联：“四壁荷花三面柳，半潭秋水一房山。”寥寥几笔，勾画出了拙政园春夏秋冬的风景特色。还蕴含着半、一、三、四的序数。

“香洲”的“洲”同“舟”同音，实际上是石舫。这艘石舫，集中了亭、台、楼、阁、榭五种建筑种类。船头为荷花台，茶室为四方亭，船舱为面水榭，船楼为澄观楼，船尾为野航阁。小小一舟，竟然如此变化多端，奇思妙想，令人感佩。

经过九曲石桥，到了“见山楼”，它三面环水，似乎苍龙嬉水。“见山楼”是龙头，爬山廊是龙身，云墙是龙尾，门洞是龙嘴，曲桥是龙须。“见山楼”上层有蠡壳和合窗，楼下用落地长窗，室内明式桌椅茶几，梁上悬挂小方什景灯，完整地保留着那种古色古香的风貌。

从“小沧浪”往东走，来到“远香堂”。它位于中部花园的中心位置，前面小河，后面水池，广植荷花。夏天荷花盛开，清香一阵阵飘到堂内，“香远益清”。坐在厅里可一边品茶，一边聊天，一边看景。厅的南边是一座峻峭的黄石假山，北边是池岛假山，东边山坡上有“绣绮亭”，西边池塘边有“倚玉轩”，给人以近山远水、山高水低的感觉。

“枇杷园”位于“远香堂”的东南面，是拙政园中部花园里的园中园，因种有枇杷树而得名。“枇杷园”的园门设计得很巧妙。走到这里，见到前面一道云墙，两面种有牡丹，正所谓“山穷水尽疑无路”了，没有料到，只要再往前走，就会发现，黄石堆砌的假山遮住了旁边的一个门洞。随着人们一步一步走近，门洞就一点点扩大。到了门口，才发现门洞像一轮明月，镶嵌在白色的云墙上。过门洞后再往前走，这轮明月又被这边的湖石假山慢慢地遮住了。看着月洞门和牡丹花，不禁使人想到“闭月羞花”的典故。这个月洞门又像一个巨大的宝镜，庭院里的景物似乎是院外景物的影子。园主巧妙地选择了开辟月洞门的最佳位置，使“雪香云蔚亭”、“月洞门”、“嘉实亭”三点同处在一条视线上，并通过月洞门联系前后佳景，从而组成一组对景。由此可见，苏州古典园林在辟门开窗时，除考虑到出入和采光外，尤其注意撷取画面，力求处处有景，景随步移。

从中部花园，穿过“别有洞天”的圆洞门后，就来到了西部花园。西部花园的主体建筑是“卅六鸳鸯馆”和“十八曼陀罗花馆”。这座建筑物是美化了的“鸳鸯厅”结构，外面看是一个屋顶，里边是四个屋面，外面看是一个大厅，里边分为两个客厅，北面客厅是夏天纳凉用的，南面客厅是冬天取暖用的。进门时，圆洞门上方有四个砖雕的篆体字“得少佳趣”。意思是说，进得门来，才能渐入佳境，稍得乐趣。这个大厅建于清代，精雕细刻，摆设考究，气派非凡。北厅的楹额“卅六鸳鸯馆”是清代状元洪钧墨宝，南厅的楹额“十八曼陀罗花馆”，是清代状元陆润庠佳作。曼陀罗花是延年益寿的吉祥物，据佛经介绍，西方极乐世界每天都普降曼陀罗花。当今世上，只有多福多寿的人才能见到。传说曼陀罗花与山茶花相似，所以这里又种了十八棵宝株山茶应景。这个大厅造型别致，椽子为弓形和弧形，四角有耳房，相传是园主听昆曲的地方。每当清唱演出进入高潮时，有一种“余音绕梁，三日不绝”的感觉。这里蓝白相间的玻璃窗很雅致，每当盛夏烈日时，阳光透过窗户变成一道道蓝白相间的光束，洒在地上，泛起一阵阵寒意。如果用眼睛靠近蓝色的玻璃窗往外看，只见屋顶上、树枝上、石块上、荷叶上，都像是披上了一层白雪。

“留听阁”位于“卅六鸳鸯馆”的西面，楹额由清代湖南巡抚吴大澄所书。“留听阁”出自唐代李商隐的“秋阴不散霜飞晚，留得残荷听雨声”之句。南面飞罩是银杏木立体雕刻松、竹、海、雀的花纹，构图匀称，手法精巧。隔扇裙板上刻的蟠螭（夔龙）图案，有较高的艺术价值和历史价值。

“倒影楼”位于“卅六鸳鸯馆”的北面。之所以取名为“倒影楼”，是因为从前面的池塘里可以清楚地看到这幢楼阁的倒影。楼的下层，叫“拜文揖沈之斋”，用时髦的话来讲，就是“文征明先生和沈石田先生纪念馆”。文征明是明代“四大才子”之一。有的资料说，他参与了拙政园的规划设计，也有的资料说，他依照园景画了31幅图，各配以诗词，并作了《王氏拙政园记》，使名园增辉。沈石田先生曾经是文征明先生绘画方面的指导老师。他们对苏州文化艺术的发展作出过重大贡献。“倒影楼”中间屏门上雕刻有扬州八怪之一郑板桥的无根竹图，并配有诗词，也是不可多得的珍贵文物。

“倒影楼”前面有一条曲折蜿蜒的水廊，地面贴着池面。池面上波光粼粼，地面上高低起伏，使人感到正踩在池面上随水飘浮。水廊的西面有一组楼阁群，最近的是“与谁同坐轩”。这是取苏东坡“与谁同坐？明月、清风、我”的诗句，表达了诗人孤芳自赏的心情。园主借此表示自己的清高。仔细再看，“与谁同坐轩”，好像一把扇子，这是文人的思物。轩顶的瓦面像折扇的扇面，后面“笠亭”的尖顶恰似折扇的扇把，简直连接得天衣无缝。

以拙政园为代表的苏州园林，处处充满着诗情画意的青山绿水，时时洋溢着温情脉脉的家庭气氛，体现淡泊明志的人生哲理，这正是古人们苦苦追求的“人间天堂”。

（五）世俗化的寺庙遗园——狮子林（苏州）

狮子林位于苏州园林路23号，面积1.17公顷，其中水面面积占1/8。

说到名称，当然涉及园的历史。它最初为寺庙园林，宋时，该处为贵家别业，林木翳密。徽宗时，太湖石被搜罗远送汴京，适金兵入汴，部分异石散置此处，顾颉刚先生在《苏州史志笔记》中曾有详细的考证，详实而令人信服。元至正二年（公元1342年），天如禅师维则在苏弟子买其地，结屋为天如居。当时竹与石占地大半，屋不过20楹，较简朴。维则也好聚奇石，其中著名的有含晖、吐月、立玉、昂霄诸峰，最高者状如狮子。因维则老师中峰倡道于天目山师子岩，维则深深怀念老师，“狮子”即“师子”的谐音，又取佛经中佛陀说法称“狮子吼”，其座称“狮子座”意，所以名“狮子林”。

狮子林内有立雪堂、指柏轩、问梅阁、玉鉴池等。维则有句云：“人道我居城市里，我疑身在万山中。”维则圆寂后弟子散去，寺园日渐荒芜，散为杂居。元末，张士诚婿潘元绍府在此一带，附近皆其宅第。康熙四十二年（公元1703年），康熙帝玄烨来游寺园。顾禄《清嘉录》云：“康熙间，黄小华殿撰之父购为涉园。”园内有合抱松树5株，又称五松园。园寺分立始于此。梁章钜《浪迹丛谈》云：“乾隆二十七年南巡莅吴，始开辟蔓草，筑围墙垣。”乾隆帝数次来游，展倪图对照观赏，作诗有“一树一峰入画意，几弯几曲远尘心”之句。回京后按倪图笔意，在圆明园、避暑山庄仿构，分别题“狮子林十六景”。

狮子林（图片提供：杨明）

狮子林的奇特之处在于假山，狮子林仅1公顷面积，假山却占了一半。尽管建园的初衷是寺庙，实际上它的知名却在于寺庙的花园。该园多次易主，所幸每一位主人都有意无意地注意假山的特色。主人尽管有雅俗之别，高下之差，但在筑假山这一点上都不约而同，殊途同归，更兼文人雅士，以诗以文以画，或记载盛景，或歌颂个性，或描摹奇观，使文景交辉，更增添了该园的魅力。

据乾隆三十六年《南巡盛典图》记，前寺后园，以墙分隔，园范围约相当于今日园中部山池一带，池西紧靠界墙。至乾隆中叶，文士题咏中已多赞誉假山回环曲折之辞。沈德潜诗云："乍高忽下下复高，已伏潜升升又伏……如蚁穿珠通九曲。"曹凯诗："冈峦互经亘，中有八洞天，嵌空势参差，洞洞相回旋。"据此，当时假山迂回盘旋，已与建园初风格大异。民国元年5月3日叶圣陶记游狮子林云："惜荒废已久，径草蔓延，亭榭倾颓，无堪徘徊矣。"民国6年颜料商贝润生以9900银元购得。其本意为建承训义庄和家祠，先拓购园东邻民宅，建祠堂、族校和住宅，继大举修园，假山丘壑依然，则就原有基础修葺，补以新石，色质稍逊于旧，斗接处涂以水泥。园四周长廊贯通，高下曲折。贝以重金购得嘉庆年间名刻"听雨楼法帖"原石，嵌置廊壁，于指柏轩上层建听雨楼。又请名手按楼阁的造型、结构和名称专门设计制造红木家具两套半，随季节变化而更换。至民国15年竣工，费银元80万。楼台金碧，气象豪华。贝作记。修园系"贝嘱其堂弟谨之擘画布置……谨之能丹青，然胸中尚少丘壑"（郑逸梅：《狮子林易主》）。此时园貌比之倪图已景物全非，与徐贲图对照只余十之一二。1978年后逐年整修，恢复家具陈设匾额对联，加固假山基础。全园现有堂构22处，匾额11，对联11，砖刻23，屏刻3，石碑书条石共71，银杏、白皮松等古树名木5种7棵。

狮子林素有"假山王国"之称，一是层次十分清楚，且是立体的层次。园以高墙峻宇围绕山池，假山群坐落在园东南并蜿蜒池中，分上中下3层，盘环曲折，忽登忽降，丘壑宛转，迷如回文。一条条山道远看山重水复，近则柳暗花明，道与道之间分隔连缀，十分巧妙。回道主道上下之间互相缠绕，错综复杂。大可见面打招呼，但却隔上千里远，可望而不可即。据说当年乾隆帝在其中转了两个时辰也没转出去。水旱群峰占地1.73亩，计洞口21，蹬道9条。山洞景色亦各不相同，岩壑曲折之幽，峰回路转之趣，可贵之处在于虽如诸葛八卦阵，却殊途可以同归，条条大路通罗马，有水陆十八景之说。所奇在石缝中有老树多株，盘曲而出，枝干交错，虽无土，却老干虬枝，奇崛峥嵘，更增添了园的古朴和生气，使之饶有山林野趣。二是注意假山的动感。假山堆叠很易落入俗套，而狮子林却借助石头如狮的形态，细数有500个，且巧妙布局，突出一个"动"字，人们步入卧云室，四周奇峰怪石宛似石林，形多似狮，但动态各别，神情迥异，或起舞、或酣睡、或吼叫、或躁坐、或立或卧、或仰或俯、或舞或搏，双双搏斗者，互不相让，戏球玩耍者，憨态可掬，多元代遗物。尤其是狮子峰，狮子的首尾口眼俱全，且安排合理，利用石峰天然之形，无斧凿痕迹，有巧夺天工之妙。三是依山傍水，将山石和建筑布置和谐。厅堂前后均有院落，都有假山，池水为假山环抱，萦回曲折，聚分断续。池中置湖心亭，两翼曲桥相连，建筑物主要布置在山池东北两翼，各抱地势，千变万化，勾心斗角，顾盼有神。"燕誉堂"高敞宏丽，亦称鸳鸯厅，屏门两面刻贝仁元（即润生）《重修狮子林记》和《狮子林图》；过堂后小方厅，小巧玲珑，北院花台上有湖石巨峰，似由9头姿态不同的狮子组成。峰北院墙漏窗图案几十种分别为琴棋书画，无一雷同。池北岸亭内则高悬乾隆三十年亲题"真趣"匾，为赏荷佳处。石舫北"暗香疏影楼"附近假山叠石亦称上选，池西问梅阁前梅花数株，连窗槅、地面、桌凳都呈梅花形。阁檐之旁叠石引水成为人工瀑布，其旁飞瀑亭，可观飞瀑三叠而下，飞琼溅玉，边看边听，使人心腑一清，与真瀑布不分轩轾。碑亭北对修竹阁，亭阁之间叠黄石假山“小赤壁”,宛似天然石壁溶洞。春夏秋冬,高下参差,厅堂亭舫,真是处处有景,处处个性。

(六)园中之园——寄畅园(无锡)

寄畅园在无锡市惠山东麓,面积近1顷。原为僧舍,明嘉靖初年(约公元1527年前后)曾任南京兵部尚书的秦金(号凤山)得之,秦金是北宋著名词人秦少游的后代,辟为园,名“凤谷山庄”,凤是主人名,谷是惠山山谷,这里有“凤谷行窝”的匾,“行窝”有别于皇上的行宫,虽自轻自贱,但也可自得其乐。秦金殁,园传至秦炴,他修葺园居,凿池、叠山,因开仓赈济灾民而蒙受不白之冤,又被座师张居正追论解职。回无锡后,寄抑郁之情于山水之间,疏浚池塘,改筑园居,构园景二十,每景题诗一首。取王羲之《答许椽》诗:“取欢仁智乐,寄

寄畅园(图片提供:孔捷)

畅山水阴”句中的“寄畅”两字名园。乾隆诗序中说:“江南名墅,唯惠山秦园最古,我皇祖赐题曰‘寄畅’。”

明末清初,园曾分割。清顺治末康熙初,秦炢曾孙秦德藻将其合并,并加改筑,延请造园名家松江人张钺掇山理水,疏泉立石,“又引二泉之流,曲注层分,声若风雨,坐卧移日,忽忽在万山之中”。八音涧总长 36 米,深 1.9 ~ 2.6 米,宽0.6 ~ 4.5 米,大幅度的收放、高低、浅深、凸凹、悬峻,流水之声发出抑扬顿挫的声音。八音涧并非我们常见丝弦的1234567i,而是由“金、石、丝、竹、土、匏、革、木”八种材料制成乐器,合奏出的美妙音乐,游人尽可以展开想象的翅膀,这声音是当年瞎子阿炳的《二泉映月》,还是刘天华的《空山鸟语》? 是天籁之音,还是江南丝竹? 我们尽情享用吧! 今“悬淙涧”的流泉三叠以及“七星桥”、“美人石”等,均属园中著名的景观。乾隆称其“喜其幽致,携图以归,肖其意于万寿山之东麓”,仿此园于颐和园中建“惠山园”(谐趣园),它和寄畅园一北一南,互相辉映,成为清代江南造园艺术北传的一个历史见证。咸丰同治年间,寄畅园多数建筑毁于兵火,后稍作补葺。

寄畅园是锡惠公园的“园中园”,秉礼堂又是寄畅园的“园中园”。这种大园包小园的做法,叫做“隔景”。也就是把园林的大空间分隔为若干小空间,在每一个小空间中作精心布置,这样游人在游览过程中,就可以“横看成岭侧成峰”,在有限的面积中求得无限的美感,使园子“小中见大”,所谓“园越隔越大”。秉礼堂的这组庭园,面积不到一亩,却有整洁雅致的厅堂、碑廊,又有自然得体的水池、花木和太湖石峰,让您无论从哪一个角度看,都是幅美丽的图画。到了这里,您一定会对中国造园艺术手法之一的“隔景”，留下良好印象。

含贞斋。这是秦�的书斋，旁边是一棵劲松，他曾写诗自诩“岁寒挺高节，吾自含吾贞”，可见其不与世俗同流。

卧云堂。这是寄畅园的主建筑，康熙、乾隆南巡时，这是接驾之地，乾隆在这里接见过九位年龄加起来超过600岁的秦氏家人，还专门赋诗一首呢！

寄畅园属山麓别墅类型的园林，布局得当，妙取自然，体现了山林野趣、清幽古朴的园林风貌，具有浓郁的自然山林景色。巧妙的借景，高超的叠石，精美的山水，洗练的建筑，使其在江南园林中别具一格。寄畅园长于借景，它西靠惠山，东南是锡山，园的总体布局抓住这个优越的自然条件，以水面为中心，西、北为假山接惠山余脉，势若相连。东为亭榭曲廊，相互对映。园的面积虽不大，但近以惠山为背景，远以东南方锡山龙光塔为借景，近览深山大泽，远眺山林隐约。山外山，楼外楼，空间序列无穷尽。园内池水、假山就是引惠山的泉水和开采山中的黄石做成，是惠山的自然延伸，天衣无缝，这更是得天独厚了。所以，此园在借景、选址上都相当成功，处理简洁而效果丰富，水平甚高，园内登高可眺望惠山、锡山，山峦叠嶂，湖光塔影，现出了“虽由人作，宛自天开”的绝妙境界。寄畅园善于对山水进行再创造，水面南北纵深，池岸中部突出鹤步滩，上植大树二株，与鹤步滩相对处突出知鱼槛亭，将水面划分为二，若断若续。池北又有平桥浅砥，似隔还通，层次丰富。山的轮廓有起伏、有主次，且土石兼用，其中部较高，以土为主，两侧较矮，以石为主，土石间栽植藤蔓和树木，配合自然。山虽不高，而山上高大的树木却助长了它的气势。

美人石。那块亭亭玉立、婀娜多姿的太湖石，是无锡五大太湖石奇峰之一的“美人石”。您看这太湖石的头部，左边黑色的剪影，多么像一位江南少女秀丽的面庞，她还有着苗条的身材，正对着下面的“镜池”梳妆打扮。乾隆皇帝当年可能是从另一个角度欣赏这块太湖石的。说它是位傲然挺立的男子汉大丈夫，像一个头部大、下面小的“介”字，因此在丁丑年即公元1757年第二次下江南时，把它改名为“介如峰”。请大家转过身子，那亭子里的碑石上，刻有乾隆亲笔御书的诗和画，强调了他为美人石改名的理由。虽然见仁见智，但皇帝是“金口”，“美女”就只能变成“壮汉”了。

郁盘亭。这亭子里有明代青石棋台，足有几吨重。相传乾隆皇帝下江南时，曾在这里与惠山寺的老和尚下棋。和尚棋艺高超，但怕赢了皇帝犯下欺君之罪，故意下了步臭棋，虽输了那局棋，但呆子也能看出是故意让的，不想欺君反而欺君，乾隆帝心中明白赢得不光彩，闷闷不乐，所以给亭子题了个怪名字“郁盘”。其实这个故事是后人编排出来的，这条廊子包括亭子，早在明代就叫做“郁盘”，意思是讲对面假山上的树木，长得郁郁葱葱。而乾隆也确实与惠山寺的成莹和尚比较熟悉，偏偏在乾隆的御制诗中，也有“过墙便是青莲宇，可得敲吟忘此间”句子，大意是过了围墙便是惠山寺，可以在里面下棋吟诗。诗中的“敲”字，虽然与推敲的“敲”字为同一个字，然而古人也常用来表示下棋。那么，乾隆是不是与成莹和尚下了一局不知输赢的棋呢？留个“悬念”，大家去追根寻源吧。

知鱼槛。沿着郁盘廊，走进“知鱼槛”。《庄子·秋水》篇中，记载了春秋时庄子和惠子在濠水边一段有趣的哲学对话。庄子说：“水中那从容游着的鱼，是快乐的。”惠子反问：“你不是鱼，怎么知道鱼的快乐呢?”庄子反驳道:“你不是我，又怎么知道我不知道鱼的快乐呢?”

我们看鱼的欢游嬉戏非但能知道鱼的快乐，更能知道寄畅园造园艺术的美妙。先看假山山脚与水池结合部位的鹤步滩，您看它多么神似自然山水中的岛、礁、渚、矶，体现了一种石因水清、水因石活，山水相映、水石交融的天然情趣。再看假山本身，它堆叠得就像惠山的余脉一样，“虽由人作，宛若天开”，既丰富了山的风景层次，又是惠山“借景”入园的过渡点。且假山最高处不过4.5米，放在300多米高的真山之前，却一点都不觉得孤立矮小，这是因为从这里眺望，二者的仰角分别为6度30分和15度30分，正好在人的视觉上，使假山与真山自然错落，浑然一体，高低掩映，和谐成趣，达到了“山在园中，园在山中”的最佳艺术效果。

嘉树堂。大家走上这座用七块大石板铺成的“七星桥”，能领略到乾隆皇帝“一桥飞架琉璃上”的诗意，直接到达当年与乾隆皇帝也有一定关系的“嘉树堂”。

《红楼梦》第十三回中，讲到魂断天香楼的秦可卿，托梦给王熙凤，要她趁今日富贵，多置些祭祀产业，以后“便是有了罪，凡物可入官，这祭祀产业，连官也不入的”。曹雪芹的祖父曹寅，当年非但到过寄畅园，而且还留下了诗作。秦家在清雍正初年被抄，而曹家被抄稍晚一些，是在雍正五年。但秦家在秦惠田高中探花后，确实家道复苏，再次得到皇帝的恩宠，而且能够吸取历史教训。根据当时的有关规定，在乾隆十一年，经过秦家50位子孙共同协商，由秦惠田执笔，写了份《寄畅园祖祠公议》，将园内这座嘉树堂，改为秦家的“双孝祠”，并同时将寄畅园作为这座祠堂的公产。秦惠田说:“唯是园亭究属游观之地,必须建立家祠,始可永垂不朽。”他是“一年被蛇咬,退步抽身早”,寄畅园所以能保存至今,与此不无关系。选择“嘉树堂”作为祠堂用地就是因为风水好、地气旺,朝南向阳,树木茂盛,这也是“嘉树堂”名字的由来。

寄畅园可说是一部历史的缩影,是中国古典园林造园艺术的“大观园”。

(七)滨水园林群落——瘦西湖(扬州)

据清代陆以怡《冷庐杂识》记载和今人统计,全国以“西湖”命名的风景区有三四十处之多,而“瘦西湖”仅扬州一个,它以起伏多姿的陂岸,清流映带的碧波,蓊郁芳鲜的佳卉,幽窈明瑟的厅堂构成集景式滨水园林群落而在国内外享有盛名。

瘦西湖凫庄(图片提供:宋雷)

是的，它比起杭州西湖是瘦一点，杭州西湖湖围15公里，水面面积5.66平方公里，园林风景49平方公里。扬州瘦西湖虽然仅有50多公顷的游览面积，6公里多的游程，但一条曲水如锦带，或放或收，或宽或狭，缥碧清澄，游鱼细石，清晰可见；两岸三步一亭，五步一园，各具特色，斗艳争奇；更有诗词碑刻，匾额联对，恰到好处，点到人心。清代杭州诗人汪沆曾将扬州瘦西湖和杭州西湖相较，感慨地写诗道："垂杨不断接残芜，雁齿红桥俨画图。也是销金一锅子，故应唤做瘦西湖。"这就是瘦西湖的来历。扬州诗人朱自清称赞汪沆起名之妙，"假西湖之名以行，雅得这样俗"。这"瘦"字后来成了"秀"的代名词，古往今来，多少人"腰缠十万贯，骑鹤上扬州"，又有多少人荡漾在瘦西湖中，倾倒在小金山下，诗人学者邓拓称赞："瘦了西湖情更好，人间美景不胜收。"书法家林散之更是偏爱扬州："漫说西湖天下瘦，环肥燕瘦各知名。怜她玉立亭亭柳，送客迎宾总是情。"瘦西湖敞开她的怀胞，热情欢迎远道而来的友朋、嘉宾。

瘦西湖大门主体，歇山式门厅三楹；西山，接廊屋七间；东山，以短廊接亭直插水际。它像一道屏障，使西湖诸景半藏半露，如美人须千呼万唤始出来，犹抱琵琶半遮面，更增加了瘦西湖的含蓄清幽。门厅廊柱上是一副门字联：

天地本无私，春花秋月尽我流连，得闲便是主人，且莫问平泉草木；

湖山信多丽，杰阁幽亭凭谁点缀，到处别开生面，真不减清閟画图。

这是由晚清扬州诗人李逸休撰题，由其女儿扬州著名书法家李圣和书写。诗联好，为瘦西湖风光平添几分魅力；书法佳，给翰墨城山水益增无限情趣。几年前，《红楼梦》电视剧中的贾元春贵妃娘娘看重瘦西湖青山秀水，元妃省亲的重场戏就是在这儿拍摄的，让我们像当年的元妃那样登上桂楫兰桡，透过珠帘绣幕，领略瘦西湖的风韵。

风光明媚，水天焕彩，绿柳吻水，殿阁巍峨，说不尽的富贵风流，定会使你陶醉其中，乐而忘返。朱自清在《扬州的夏日》中写道"瘦西湖到平山堂，有七八里河道，还有许多杈杈丫丫的支流。这条河其实也没有顶大的好处，只是曲折而有些幽静和别处不同"。易君左赞它：清新、幽丽、柔和、纤细。说"扬州瘦西湖真是又媚又俏；假如天下湖光是一副美人的娇面，太湖就好像胭脂般的两颊——东西洞庭绝似一对酒涡，西湖就好像一对秋波，瘦西湖就好像夹在翠眉间的一线'眉心俏'"。

提起钓鱼台，全国以此命名的景点多矣。北京国宾馆的钓鱼台，玲珑假山、曲折小径，潺潺流水确是天然画卷；陕西宝鸡姜太公的钓鱼台，蟠溪水旁巨大岩石，姜太公双膝跪坐的痕迹，石下的雾潭确是野趣盎然。扬州的钓鱼台自有高妙之处，岸柳成行的长渚，宽丈许，长百余步，直插湖心，把原本不太宽的湖面又横插一渚分隔，看起来，似不近情理，细细体味却妙不可言，因伸入湖心的是渚而不是堤，这样对湖面似隔非隔，欲断还连；而长渚尽头有阁临水，位置极佳，使湖心一亭突起，成为静观诸景的最佳去处。该阁双檐，四角攒尖顶，既无繁杂的斗拱挑出，又无金勾彩画的富丽，而是素油涂抹梁檐，显得朴实无华，更朴素者为亭之四壁，四壁皆门，三面为砖砌月洞门，迎东木雕花隔月形门，人居亭中，可作面面观。

吹台建于清乾隆年间，本来此处最初设计是为了乾隆游湖时，乐队在其中弹奏江南丝竹，以助皇帝的游兴之用，所以亭内一匾为“吹台”。因乾隆比较喜欢戏曲，两淮盐务官员为了取悦皇上，平时就雇下花、雅两部戏班，御驾光临时，管弦丝竹，纷奏杂鸣。御舟行驶之际，又在御舟前两舟之间，架设戏台，演员面对御舟演唱。谁知有一次皇帝来时感觉此处更宜钓鱼，于是勃发钓鱼之兴。皇帝突然决定，忙坏了手下人，主事的盐商火速暗中挑选水手潜入水下，以荷叶盖顶，以荷茎换气，每当乾隆落竿垂钓，水手则将活的龙鱼一条条挂上钩去，乾隆举竿鱼跃，众皆喝彩欢腾，以为水神也从人君心意，盐商乖巧，自然得到厚赏。至今檐口“钓鱼台”三字匾，是书法家刘海粟所题，两旁对联上联“浩歌向兰渚”，从唐代徐彦的诗句“浩歌在兰渚”取意，下联“把钓待秋风”，则是唐代杜甫的现成诗句。

该景最大的特点是园林艺术中的“框景”的典范，面西而站，三面皆为满月洞门，旧称“三星拱照”。正洞成正圆，内衔的湖中五亭桥横卧波光，若莲花盛开，更夸大五亭之阔；南洞成椭圆，内收的湖畔白塔竖立云表，似春笋破箨，更夸大白塔之高。这一横一竖形成一幅构图殊异的美丽画景，景中有景，画中有画，借景之妙，以简驭繁，不得不令人拜服得五体投地。北洞所收为“水云胜概”，这组建筑由一主厅和一方阁构成。主厅为三楹四面厅，四周廊，厅前面湖构筑丹墀，围以汉白玉石栏；方阁居主厅之西。厅大阁小，构建时颇费苦心，故意将厅后置，而将阁提前，形成前后的错落；又将阁提高，与厅形成高低的掩映；再以爬山廊三折三层将厅阁相连，形成曲栏层楼的气派。厅东植大片琼花，春日玉树琼云，“春冰薄薄压枝柯”，西北广植桂树，秋日金桂、银桂、丹桂齐放，“风影清似水，霜枝冷如玉。”难怪电视连续剧《红楼梦》元妃省亲的大观楼即设此处，实是不负“天上人间诸景备”的盛名。

瘦西湖在全国园林中独树一帜，五亭桥又是瘦西湖的标志，在全国园林中有一席之地。其最大的特点是阴柔阳刚的完美结合，南秀北雄的有机融合。该桥建于莲花堤上，是清乾隆二十二年（公元1757年）巡盐御史高恒所建，因为建于莲花堤上，且形状像一朵盛开的莲花，所以它又叫莲花桥。据说，乾隆南巡到此曾感叹它像“琼岛春阴”之景，这就点出了该桥是借鉴北京北海之景。确实，该桥受北海五龙亭的影响很深，五龙亭五亭临水而建，中曰龙泽，重檐下方上圆，象征天圆地方；西为涌瑞、浮翠，涌瑞为方形重檐，浮翠为方形单檐；东为澄祥、滋香，澄祥为方形重檐，滋香为方形单檐。五亭皆绿琉璃瓦顶，亭与亭之间有石梁相连，宛转若游龙，另龙泽、滋香、浮翠三亭有单孔石桥与石岸相接，朱栏画栋，照耀涟漪。扬州五亭桥无北海开阔水面，当然无法把五龙亭照搬。但聪明的工匠另辟蹊径，将亭、桥结合，形成亭桥，分之为五亭，群聚于一桥，亭与亭之间以短廊相接，形成完整的屋面。请看桥基，这一跨度55.5米的桥梁，下面是12块大青石砌成的桥墩，形成“卄”形的桥基，比起普通桥梁多了四翼，两端为宽阔的石阶。按说，这样的石质，这样的桥基，给人的感觉是厚重有力的，其形很像一古代城堡。如果上面围以石栏，完全是一种壮美。奇就奇在桥上却置五亭，形成亭廊，中亭较高，瓦顶重檐，四角攒尖顶，翼角四亭对称，皆为单檐，亭挑四角，檐牙高啄。亭上有宝顶，四角悬风铃；亭内有天花，图案绘制巧。油漆红柱，金黄瓦顶，彩绘雀替。试问，如果不看下部，不就是典型的江南风亭？完全是一种柔秀之美。桥亭秀，桥基雄，两者如何配置和谐呢？这里关键是如何把桥基建得纤巧，与桥亭比例适当，配置和谐。造桥者把桥身建成拱券形，由三种不同的券洞联系，桥孔共有十五个，中心桥孔最大，跨度为7.13米，呈大的半圆形，直贯东西，旁边十二桥孔布置在桥基三面，可通南北，亦呈小的半圆形；桥阶洞则为扇形，可通东西。正面望去，连同倒影，形成五孔，大小不一，形状各殊，这样就在厚重的桥基上，安排了空灵的拱券，在直线的拼缝转角中安置了曲线的桥洞，与桥亭自然就配置和谐了。难怪后人把桥基比成北方威武的勇士，而把桥亭比作南方秀美的少女，这是力与美的结合，壮与秀的和谐。“扬州好，高跨五亭桥，面面清波涵月影，头头空洞过云桡，夜听玉人箫”。如果说瘦西湖像一个婀娜多姿的苗条少女，那么五亭桥就像一条由五朵莲花组成的腰带紧束着瘦美人的腰肢，更显出她无比迷人的风姿。当然对五亭桥也是“仁者见仁，智者见智”的，在清代著名学者沈复的《浮生六记》中，就曾指出，扬人呼桥面五亭为“四盘一暖锅”，还有人补充说，白塔就是一壶酒，大概是因为“吃在扬州”，所以事事都以吃作比，不免俗了些，连沈复都感叹“此思穷力竭之为，不甚可取”。

扬州至今还流传着“一夜造白塔”的故事。该故事出于《清朝野史大观》。一天，乾隆在瘦西湖中游览，船到五亭桥畔，忽然对扬州陪同官员说：“这里多像京城北海的‘琼岛春阴’啊，只可惜差一座白塔。”第二天清晨，皇帝开轩一看，只见五亭桥旁一座白塔巍然耸立，以为是从天而降，身旁的太监连忙跪奏道：“是盐商大贾，为弥补圣上游西湖之憾，连夜赶制而成的。”据说，是八大盐商之一的江春用万金贿赂乾隆左右，请画成图，然后一夜之间用盐包为基础，以纸扎为表面堆成的。尽管只可远视，不可近攀，但乾隆不无感慨地说："人道扬州盐商富甲天下，果然名不虚传。"传说是无稽的，旧塔建于何年，已不可考。因喇嘛塔原属藏传佛教中喇嘛教寺院的塔制，元代以降，渐行全国，清乾隆四十九年（公元1784年）两淮盐总江春集资仿北京北海白塔，就旧塔基建造。《扬州画舫录》点明，该塔是"仿京师万岁山塔式"，但型制已大有区别。北海的白塔是寺庙塔，肚大头细，高35.9米，下为高大的砖石台基，塔座为折角式的须弥座。扬塔虽取喇嘛教寺院的塔制，但在瘦西湖仅为点缀，系园林塔，另则扬州的建筑都以柔秀见长，因此取其形式，改换面目。一是降低高度，扬州的白塔仅27.5米；二是外形轮廓线变得秀美，使之身子缩小，其相轮（十三层级）也较北海塔瘦长，这样扬州的塔就形似花瓶了；三是发挥砖刻特长，塔座全是砖雕的束腰须弥座，座为八角四面，每面三龛，龛内砖雕十二生肖像，象征一年十二月，一天十二时辰，筑台五十三级，象征童子拜观音的五十三参图，相轮为十三层，象征天的最高处十三天。处处有象征，处处有暗示，扬州造园艺术的手法巧妙糅合于外来景致之中。著名建筑家陈从周在《园林谈丛》中曾将北海塔和扬州的塔进行对比，说："然比例秀匀，玉立亭亭，晴云临水，有别于北海塔的厚重工稳。"可见北方之景到了南方后也随乡入俗，雄壮之气锐减，窈窕气质倍增了。塔建于"莲性寺"后，寺名为康熙皇帝亲赐，因莲花是佛教之花，象征佛教思想天下众生，且附近有莲花堤，莲花堤上有莲花桥，寺前一汪净水，水中莲藕飘香，旁边又有藕香桥，康熙立于寺庙台阶，既见莲花形美，"荷背风翻白，莲腮雨褪红"，更想到莲花性香，"出污泥而不染，濯清涟而不妖"，并联想到"佛心常清净，普渡众芸生"，所以他为寺题名“莲性”，可谓恰到好处，点到人心。

据说乾隆到此，一次略嫌饥饿，忽闻寺中一阵肉香，大为震怒，指斥僧人不守清规戒律。众僧惶恐，唯一僧从容告之，所以卖蒸猪头者，是为筹集钱财为佛像装金，弘扬佛法，酒肉虽穿肠，佛祖心中装。连乾隆也点头称是，待到又闻肉香，乾隆也忍不住要尝一尝，谁知一尝就舍不得放筷，连称好吃。后来“扒烧整猪头”就成了该寺的看家菜，而这一道菜与“拆烩鲢鱼头”、“蟹粉狮子头”统称扬州三头宴。清黄惺庵《望江南》百调中有一首写道：“扬州好，法海寺间游，湖上虚堂开对岸，水边团塔映中流，留客烂猪头。”诗人朱自清说：“法海寺著名的自然是这个塔，但还有一桩，你们猜不着，是红烧猪头。夏天吃红烧猪头，在理论上也许不甚相宜，可是实际上，挥汗吃着，倒也不坏的。”传说是无稽的，但乾隆南巡时确实多次来此驻跸，并留下许多诗章，原本在院中就立有乾隆所题的数块石碑，现经修复又立于塔旁的碑亭之中。该寺是园林寺，是寺庙走向园林化的代表。因该寺处于岛上，由藕香桥、五亭桥等桥梁与岸边相连，俯视如“白玉盘中一青螺”，以美丽幽静著称。昔日寺内有古钟一口，洪声远振，可与姑苏城外寒山寺的钟声呼应媲美。郑板桥曾作诗盛赞：

参差楼阁密遮山，雅雀无声树影闲。

门外秋风敲落叶，错疑人叩紫金环。

陈重庆题联更妙：

一枝孤塔，似白鹤飞来，试添金碧楼台，便成北海；

几度游人，被黄鸡催老，哪得乾嘉耆旧，与话南巡。

扬州园林历史悠久。南北朝刘宋年间，南兖州刺史徐湛之在扬州蜀岗上“营构亭馆”，建“风亭、月观、吹台、琴室”。光绪年间修复该处景观时，即仿徐湛之造园之意，随势造形，高低上下，或聚或散，错落有致，颇具特色。古城扬州是历史文化名城，瘦西湖一直有“翰墨园林”之称，到处都显示出文学艺术的特征，以文入画，以文点景，文景结合，给人以丰富的想象。

小李将军画本，是郑板桥为景题匾，典出画论，“月为诗源，花为画本”。唐高宗时，宗室画家李思训，受封为右武卫将军，时人称大李将军。1961 年纪念古代十大画家，李思训即为其中之一。高宗时他任江都令，他们一家人俱善丹青。弟思诲，曾任扬州大都督府参军。子李昭道，人称小李将军。三人均善山水。思训侄孙李凑，开元中为广陵仓曹参军，工画绮罗人物，为时惊绝。这几位宗室画家先后承继，对扬州重视书画艺术有启发倡导作用。李思训山水独具风格，人称“李将军山水”。其子昭道，被评为“变父之势，妙又过之”。因之被誉为小李将军。该景点景色优美，东有望春楼，西有熙春台，小李将军对景挥毫，寻找到创作源泉。李思训和李昭道的画作首先是笔法方面，改变了展子虔青绿山水中皴法极少、勾勒填色的特点，以笔格遒劲的皴法点染自开新路。其次是设色改变了隋至唐初设色生硬如斧刃一般的画法，而是吞云吐雾，云霞明灭，产生出“时睹神仙之事，窅然岩岑之幽”的辉煌灿烂、光彩夺目的效果。再次他对界画的影响，宫廷的楼台殿阁，画栋雕梁的宫苑景色中大量使用界画，使主景更为突出。

青山隐隐水迢迢，秋尽江南草未凋。

二十四桥明月夜，玉人何处教吹箫。

这首诗已流传了一千多年，可谓妇孺皆知，诗因桥而咏出，桥因诗而闻名。单是桥名就引动多少文人学者打了一千多年的笔墨官司。《扬州鼓吹词》说：“是桥因古之二十四美人吹箫于此，故名。”据说二十四桥原为吴家砖桥，周围山清水秀，风光旖旎，本是文人欢聚、歌妓吟唱之地。唐代时有二十四位歌女，一个个姿容媚艳，体态轻盈，曾于月明之夜来此吹箫弄笛，巧遇杜牧，其中一名歌女特地折素花献上，请杜牧赋诗。传说是优美的，也有野史说成是隋炀帝的作为，二十四桥即炀帝以歌女数改名，但无从稽考，只能留给后人鉴赏。宋代沈括是以严谨著称的，他在《补笔谈》中，对二十四桥一一考证，论证扬州确有二十四桥，证明了扬州无愧于“桥乡”的称号。曹雪芹在《红楼梦》中借黛玉思乡之情，特别提到：“春花秋月，水秀山明，二十四桥，六朝遗迹……”文学家朱自清也曾满怀激情地追忆故乡“城里城外古迹很多，如‘文选楼’、‘天保城’、‘雷塘’、‘二十四桥’”。

1990 年，江泽民总书记曾热情邀请中外宾客前往扬州“廿四桥”景区观光游览。1991 年 10 月 21 日，江泽民总书记陪同朝鲜劳动党总书记金日成游览廿四桥景区时，在唐朝杜牧的诗碑前，江泽民和金日成一起观赏毛泽东手书杜诗，并朗诵诗句。在熙春台，20 名弹古筝的小朋友齐声欢呼，“金爷爷好”，金日成笑容满面，连声回答：“谢谢，谢谢！”小朋友们为金日成和江泽民弹奏了民乐《渔歌唱晚》，赢得了一片掌声。可见从古到今二十四桥确实闻名遐迩。

廿四桥为单孔拱桥，汉白玉栏杆，如玉带飘逸，似霓虹卧波。该桥长 24 米，宽 24 米，栏柱 24 根，台级 24 层，似乎处处都与二十四对应。洁白栏板上彩云追月的浮雕，桥与水衔接处巧云状湖石堆叠，周围遍植馥郁丹桂，使人随时看到云、水、花、月，体会到“二十四桥明月夜”的妙境，遥想杜牧当年的风流佳话。

沿阶拾级而下，桥旁即为吹箫亭，亭临水边桥畔，小巧别致，亭前有平台，围以石座。若在月明之夜，清辉笼罩，波涵月影，画舫拍波，有数十歌女，淡妆素裹，在台上吹箫弄笛，婉转悠扬。天上的月华，船内的灯影，水面的波光融在一起，使人觉得好像在银河中前行；桥上箫声，船上歌声，岸边笑声汇在一起，此时再咏诵“天下三分明月夜，二分无赖是扬州”，你定会为唐代诗人徐凝的精妙描写抚掌称绝。近日，国外著名音乐家曾指出贝多芬的第二十三钢琴协奏曲与杜牧的这首诗意境十分相仿，这又说明诗与音乐的密切联系，可谓“诗中有画，诗中有音。”

如果说瘦西湖从虹桥到小金山为一折，湖面由南北转为东西，越吹台，穿五亭，到此又一折，湖面由东西转为南北，直到蜀岗山麓。可以说，熙春台和小金山遥遥相对，都处在湖面转折处，景致的选点极其精妙。据《扬州画舫录》载，乾隆二十二年（公元1757年），高御史开莲花埂新河抵平山堂，两岸皆建名园。熙春台为乾隆时奉宸苑卿汪廷璋在“春台明月”故址所建。“熙春台在新河曲处，与莲花桥相对，白石为砌，围以石栏，中为露台，第一层横可跃马，纵可方轨，分中左右三阶皆城，第二层建方阁，上下三层，下一层额曰‘熙春台’”。可惜这一景点早已湮没无存。盛世建园林，1990年该景复建成功，复建十分严肃，尽量恢复历史原貌。颇具戏剧性的是，在复建施工挖地基时，竟然发现该景处房屋的老地基，假山石基础的湖石，证实了原址当在此处。

熙春台与五亭桥相对，红剁斧石为露台，围以汉白玉栏杆，“横可跃马，纵可方轨”，此处是当年乾隆皇帝祝寿之处，处处体现出皇家园林富丽堂皇的阔大气派。主体建筑熙春台，主楼五楹，楼前三楹突出，再建前阁，下檐与主楼檐平，上檐略低于屋脊。主楼为双檐歇山顶，前阁为双檐卷棚顶。楼南紧后是双檐六角攒尖亭，楼北前远方设一十字阁，阁结五顶，中顶攒尖耸峙，多角交错，很有紫禁城角楼的味道，但形制更为秀丽。主楼和两亭分别以串廊和栈道连接，浑然一体。所有建筑的瓦顶全用绿琉璃筒瓦，屋脊甍上是两条金龙，脊角走兽亦为龙头，琼楼琳宫，金窗玉槛，与红色露台、汉白玉栏杆，以及远处五亭桥的黄瓦朱栋、白塔的玉体金顶相映成趣，确是“碧瓦朱甍照城郭，浅黄轻绿映楼台”。游人到此，似乎也沉浸在乾隆当年举觞畅饮，群臣三呼万岁的氛围之中。熙春台内的装饰陈设，大量使用扬州漆器工艺，特别是巨幅壁画《玉女吹箫图》，采用扬州磨漆画的工艺，表现一群唐代仕女或起舞或欢歌。二层若干根大竹筒拼成两个半月形图案，上刻历代诗人咏扬州明月的名句，这些都是杜牧诗意的具象表现。登楼远眺，游目骋怀，只见青山逶迤，隐于天际；绿水如带，迢递不断。向东极目，五亭桥畔，画舫拍波；回首北望，蜀岗山麓，古刹高耸。杜牧诗中“隐隐”、“迢迢”尽在不言中，难怪当年乾隆感慨不已，曾写诗赞道：

初识江南景物饶，已闻好马助春娇。
明朝又放征帆下，去向扬州廿四桥。

晚清大臣李鸿章的孙子李孔昕从海外归来，在此流连，乐而忘返，其时他文思如涌，把管疾书，三尺素笺，满幅生辉：

二十四桥月如钩,黄花开遍瘦西湖。

西子范蠡今若在,不到杭州到扬州。

(八)中西合璧的园林——何园(扬州)

“园林之妙在于借”,可是当你进入徐凝门街时,两旁民宅鳞次栉比,远处无山,近处无水,在此地造园,周围无景可借,这是何园建造的一难;当你再察看周围地势,坦荡如砥,翻开何园平面图,占地面积不过4000平方米,要想在江南园林中独树一帜,谈何容易?但是,当你一入何园,不得不为造园者的匠心所叹服。

该园是清光绪年间任过湖北汉黄道台、江汉关监督(有资料还说他曾任清政府驻法国公使)的何芷舠所造,俗称“何园”。因主人附庸风雅,从陶渊明“倚南窗以寄傲”、“登东皋以舒啸”取意,名为“寄啸山庄”。主人拥有足够的经济实力,又注意将西方建筑带回文明古国,并能吸收诸家园林之长,大量使用新材料,这就使该园能吸取前代经验而有所出新。

园分三部分,南部为住宅部分,前后三进,第一进为楠木大厅,二、三进为二层楼房,每进皆为七开间。楠木厅为主人会客之用,此厅极富层次,顶部为单檐歇山,中间三间略高,两旁两间略低,形成中高边低的两个层次。而从下部看,中间三间向前伸出两米,旁边两间自然置于后部,立面上又形成中前边后的两个层次。厅内厅外装饰极其富丽,外檐柱之间镶嵌大型木雕月牙门9个,雕刻冰纹如意图案,雀替是牡丹花的花篮,屋内窗隔全部是用梅花冰纹镶嵌而成。除楠木厅外,后面两进皆为双层楼房。屋宇宽敞,规模宏大,每进之间皆列小院,东西两面筑廊勾连,青瓦红柱歇山顶，一式水磨青砖，墙壁以细沙和糯米汁，略加草灰以作胶合为灯芯拼缝，楠木门窗皆为双层，内玻璃，外百页，地板悬地1.5米以上，以阴窗透气，朝南一面外廊皆镶嵌月牙门，简单疏阔，仅为装饰之用。小院中略置花台，配以树木，以少量山石花草点景，显得幽静又富有生气。总之南部建筑总体布局严整，基本是多进四合院式建筑，是研究清代扬州大型民宅的活标本。

何园花窗（图片提供：张渝光）

园的北部即为花园，分东西两部分。一入东部，即感到构园者身手不凡，构园强调有山有水，园以山奇，山因水活，可此处一无山二无水，但是当你进园时，先见辅景，南面是一畦牡丹芍药圃，北面湖石贴壁山林，那山林皆由太湖石堆就，紧贴着墙壁，又高过墙头，山林延北壁逶迤西去，折向东壁，再西折向北，直通回廊复道，共有60余米，好似一道天然的石头屏嶂,不仅将墙外诸多低矮民宅遮掩,而贴壁山林本身时起时伏,给人以山外有山、楼外有楼的深远意境。此园中多处使用此种包镶之法,不仅用材节省,而且扩大了空间,使虚实结合,景有尽而意无穷,实为构园者处理特定地形的生花妙笔。

如果说东园是何园的序幕,当你到西园时才看到何园的主体。楼台的豪华,层次的深密,复道廊的逶迤曲折,山石的深邃空灵,在园林中确是独树一帜。西园楼台极富层次,低层有池中的水亭;中层有蝴蝶厅、桂花厅、望月楼;高层还有山石凌空,主体建筑蝴蝶厅是上下两层的七楹楼房,中间三间稍突,两侧两间稍敛,崇楼杰阁的歇山顶四角昂翘,如蝴蝶振翅起舞。一个个厅堂都装扮得极为富丽,厅内木壁上雕刻历代名碑字画,如东坡的竹、韩琦的竹、板桥的兰、唐寅的花鸟、曹操的诗等,雕刻面积达 140 平方米。人在其间漫步可看书画展览和美术工艺,画家飞逸的翰墨,雕刻家明快的刀工,流畅的线条,在这里都得到了极为细致的体现。

可贵的是这些楼台虽为单体,但以立体复道廊相接。部分游廊为复廊(一条廊中间用墙分隔为二),把园巧妙地分成东西两部。构园者知道,此园外景虽不可借,但园内景可以互借,因此在廊的上部开漏窗,有的用水磨花窗作为分隔,有的直接开成空心窗洞,有折扇形、花瓶形、梅朵形、海棠形,廊壁间还镶嵌颜真卿《三表法帖》,王羲之《十七帖》等诗条石,使串廊本身就极富美感。更值得称道的是以花窗作为分隔,既可引进外景,又可泄出内景,自然加深了园林的层次感,增加了园林内部环境气氛的曲折变化,在各景之间相互呼应,相互因借中创造出更美的景色画面和游览情趣来,这是“妙在因借”的活用。另外一个个厅房本来都是个体,由复道廊勾连后，使景色的组织有连续性，避免杂乱无章，断绝路径，这就引动游人沿着游廊去游园，这是将静观的欣赏改为动观的游览，人在园中游，尽管是地域有限的空间，但能探求回味，避免全盘托出，一览无余，犹如看一不尽长轴。可谓立体交通、多层欣赏的园林。

西园的山峰是全园的最高处，主峰以太湖石堆就。造园者在湖池旁采用点石之法，绕湖池一周，高低错落，曲折有致地用湖石围岸，在水亭旁又用湖石构成曲桥以通亭阁；而在西南角则堆石成峰，有险壁、有悬崖、有奇峰、有幽岩，或如一人，或似一物，或像群猴嬉闹，或如雄鹰高踞。底部还有梅花三洞，互相串联，碧水贯穿其中，远远望去，显得幽深清冷。此处构山极为适宜，因此处是园的边缘，仅一墙之隔即为园外，而游赏者看着高耸的山石，定会产生"正入万山圈子里，一山过后一山拦"之感。且山极空灵，上有盘山曲道，下有空谷勾连，既可沿山道仔细玩味山石奇趣，又可登山顶俯视全园美景，还可在山谷中纳凉品茗，叙谈话旧。华灯初上，水心亭笙歌悠扬，这是扬州的艺人演奏古琴，虽是夜晚，那皎洁的月光，悬挂的彩灯却给远山近水披上了五彩缤纷的盛装。朱栏玉砌，绿树澄湖，鸟栖庭树，影渡回廊，湖心亭上，身着长袖舞衣的少女拨动琴弦，娇若春花，媚如秋月，倩影映于平湖之中。湖中游鱼将一池春水惊皱，置身其中，你哪里会以为这是何园，分明是琼瑶仙境。正如陈从周教授所题：

江南园林甲天下，二分明月在扬州。

水心亭上春波绿，览胜来登一串楼。

现在我们来到片石山房，扬州无山，园林中常采用平地叠石之法。扬州的叠石增山是很有讲究的，清人即赞扬州叠石，有“扬州以名园胜，名园以叠石胜”之说。扬州地处江淮，无石可产，他方之石，运载不便，不可能有许多巨峰大石，扬州园林叠石就在于运用高度技巧，将小石拼镶而成巨峰，其石块的大小，石头纹理，组合巧妙，勾带联络，拼接之处有自然之势而无斧凿之痕，且多用阴拼，即石块的拼接涂料，全部暗含在内，外表缝隙犹如画的线条，符合“峰与皴合，皴自峰生”，“依皴合缀”的画论。这种方法在片石山房中得到完美的体现。

片石山房建于清乾隆年间，一名双槐园，据传仍出自石涛的手笔。石涛是清代著名的山水画家，是明靖江王朱亨嘉的长子，明亡之后，为避清统治者的迫害，出家为僧，亡国之痛使之寄情山水，饱餐“五老”、“三叠”之胜，又能在叠石时将胸中丘壑转化为佳山秀水。在他的画论中，山的处理应“内实外空”，或“外实内空”，片石山房总体布局即为“外实内空”。上有蹬道可攀，中有山屋可居，下有山麓水边汀步可跨，“一峰突起，连岗断堑，有胎有骨，有开有合”。

片石山房分东山和西山。东向是一横长形的倚墙山，转角向南，皆以湖石叠就，紧贴着墙壁，有些部分高过墙头，与墙头游山高低错落，山巅有小叶罗汉松一株，树龄已逾百年。更使山有古拙之感。西首的主峰由太湖石堆就，挺然高出园墙，山高近十米，由于周围是平地，系一峰突起，远看更显得高峻峭拔。山顶上寒梅一株，已逾百年，老干虬枝，更觉幽深寒冷。古藤翠蔓从石隙中伸出，或垂山巅，或穿石脚，似觉岚气雾露，烟云毕至。沿石蹬道上山巅，周围怪石突兀，堆叠巧妙，一块块，一组组，或如老人颔首，或似仙女采撷，亭台楼阁、矶石花木，皆卧脚下；拾级而下，道路左盘右曲，待到山脚，忽见藤蔓之中藏一洞口。入洞深幽，初觉狭窄，越走越宽，竟然是方形石屋两间，此时你再看前方贴壁砖刻“片石山房”，顿时领悟该景原指一片片石堆叠的山中洞府。

石峰前一泓清池，岚影波光，上下辉映，南岸为明末楠木大厅一座，面阔三楹，造形质朴，用料粗壮，结构简练，西山墙建不系舟一艘，轩窗三面，皆为梅花冰裂纹雕花窗隔洞门。周围是“美人靠”椅，下为白石围栏，三面皆临水。倚于靠椅之上，只见水中游鱼细石，清晰可见，此时再远眺“片石山房”，便可看出石山极合石涛作画皴法，气势、体面、形状、虚实处理，细部经营与石涛画论相合。可贵者主峰、大厅、不系舟等皆以曲廊勾接，廊壁镶嵌诗条白，皆依石涛的诗词遗墨镌刻，使人观瞻到他笔力古拙、秀劲绝俗的书法。而窗隔、门扇皆精心设计。仅以门为例，有似月牙，有似古瓶，有似宫灯……厅前山后，或种一树，或点一石，进门处的三叠泉，水榭内的涌泉井，山坳处的水中月，廊转折处的半亭，妙手天成，令人叫绝。园虽占地不多，但无不经营精当，山石和谐之美，亭阁映日之乐，花木扶疏之趣，确如石涛题画诗中所写：

四边水色茫无际，别有寻思不在鱼。
莫谓此中天地小，卷舒收放卓然庐。

（九）四季假山叠石范例——个园（扬州）

扬州历史悠久，文物彰明，自古被称为东南财富区。扬州园林更是遐迩闻名，早在南北朝时，地方官即建造园林，为海内称道。清代时，为迎接康熙、乾隆南巡，盐商为显示实力，争宠王室，纷纷造园，出现“十里长街市井连”，“一路楼台直到山”的盛景。清著名学者刘大观言：“杭州以湖山胜，苏州以市肆胜，扬州以园亭胜，三者鼎峙，不可轩轾。”《水窗春呓》说：“扬州园林之胜，甲于天下。”

个园是扬州园林的代表，是1988年国务院公布的国家级文物保护单位，1993年《人民日报（海外版）》发表署名文章，把个园和颐和园、避暑山庄、拙政园并列为中国四大名园。

个园历史悠久，初建于明代，为“寿芝园”，其假山堆叠相传出自大画家石涛之手。他一生“搜尽奇峰打草稿”，晚年寄居扬州，其胸有丘壑，另辟蹊径，使之在个园设计中取材自然，却又敢破常格，尤以四季假山汇于一园的独特叠石艺术而闻名遐迩。清时该园名马曰馆，为马曰璐兄弟二人别墅——小玲珑山馆，二马是安徽祁门人，虽经营盐业，但雅好书画，尤其不惜重金收藏典籍，家中藏书百橱，积十余万卷，《清史列传·儒林传》谓其“藏书甲大江南北”。家中有丛书楼，觅句廊，看山楼，红药阶，透风透月两明轩，至今旧制尚存，故名仍袭。全祖望曾写《丛书楼记》，称：“百年以来海内聚书之有名者，昆山徐氏、新城王氏、秀水朱氏其尤也，今以马氏昆弟所有，几过之。”可见其藏书之丰。可贵者马氏并非将典籍深藏秘阁，而是编成《丛书楼目录》，方便文友查阅，使书尽其用。诗人卢雅雨，学者惠栋，藏书家赵昱都曾借钞马氏秘籍，而全祖望、厉鹗也曾长期寓此写成了学术专著，正如惠栋所赞：“玲珑山馆群疆俦，邱索搜较苦未休。”嘉庆道光年间，扬州八大盐商商总黄至筠凭借其雄厚的实力，不仅在该园的基础上增其旧制，扩大规模，而且延请高手，融会南北，锐意创新，鲜明个性，使该园在中国园林中独树一帜。黄虽为巨商，但也喜爱文化，人称主人“性爱竹”，自号“个园”，便以号作为园名。

个园坐落在扬州古城的中部，动乱年代破损严重，经近二十多年的以旧还旧，保护修缮，开发扩建，不仅超过历史的规模，而且保持和弘扬了该园的文化个性——江南豪宅第，竹石雅乾坤。其特色又通过三个部分表现：北部竹海区，占地12 000平方米，有百种名竹，10万多竿，以劲节可风、潇洒不俗使人流连；中部园林区，占地8000平方米，堆叠春夏秋冬的四季假山，以南秀北雄集于一园，春媚冬趣融于一时著称；南部明清住宅群，建筑3000平方米，有百间之称，以严整、豪华、气派见长。三部分互融互补，相辅相成，成为江南城市腹地规模罕见的园林。

个园是该古城片区的核心景观，为保证个园的地位，首先是处理好园的临界部位与周围环境的关系，使园的内部空间与外部空间协调一致。一是对北部盐阜路两旁的新建建筑限制层高，不超过20米，旧建筑通过"新加坡"等形式将西式改造为中式；二是南部的古街东关街原本是明清一条街，现重点保护——水电气管线全部下地，电杆拆除，古民居修缮，石板铺地，显示出清代扬州繁华街市的氛围；三是个园围墙周边栽种较高的芽竹，挡住破败的景色、远处的高楼等建筑群，使它们隐蔽于个园的主景之外，让游人在园中极目，无任何视觉污染。

竹，"劲节可风，潇洒不俗"，"历四时而长茂，值霜雪而不凋"，性体坚刚，无衰老之态，虚心高节，经得起寒冷，是不可缺少的观赏植物。个园是看竹的好去处，个园为何以竹为主，原来主人黄至筠系儒商，其性爱竹，其号个园，这是袭用世俗习惯，以号为园名；有人说"个是竹的一半"，其实大谬，中国最早的词典《尔雅》就有"竹为个"的释义。从清朝至今，个园一直保持传统，以竹为主要植被材料进行厅堂点缀、园林布置，突现个园的主题、个性。

扬州地处江淮，南竹、北竹皆适合于此地生长，更兼文人雅士多会于此。苏东坡曾发出“宁可食无肉，不可居无竹”的“号召”，姚合有“有地唯栽竹，无家不养鹅”的描述，更有欧阳修平山堂前种竹无数，郑板桥等以兰竹抒怀咏志，竹似乎和扬州结下不解之缘。进入个园，始觉此论不虚，只见满眼是竹，随意一数，个园荟萃天下名竹竟然多逾百种：干紫叶细如凤毛的凤尾竹；节长丈二，竹叶若芭蕉的龙公竹；广东的相思竹、郑山的人面竹、宝陀岩的龟文竹……竹族子弟，欢聚名园，千奇百怪，色异形殊。此中以碧玉嵌金镶和金镶嵌碧玉为最著，它们的娘家远在四川成都，其形状与寻常竹无异，颜色却十分奇特。它们不像斑竹将紫斑随意地点染在绿色中，而将黄色很有规律地安排在翠绿的竿子上。以碧玉嵌金镶的一节为例，圆形部分碧绿如玉，枝叶长出的扁平部分璀璨似金，这金黄都呈长方形，仿佛是一层薄薄的金片镶嵌在碧玉之中。加上竹

个园秋景（图片提供：宋雷）

的扁平部并不都在竹竿的一边，从一面看竹，就见隔节呈现金色。金镶嵌碧玉的颜色正好相反，数千株竹植成一片，只见碧玉丛中金光闪耀，瑰奇珍异天然成就。

可贵者各种竹虽是随势植种，却是别具匠心，长于山坡亭畔的笔竹；植于庭前轩旁的扁竹；湖旁是思夫洒泪、彩斑点点的湘竹，与湖中的“荷背风翻白，莲腮雨褪红”构成“美花多映竹，无处不生莲”的天然诗境；“水竹亭”旁是状如古藤、色黑如铁的墨竹，形成“水色清依榻，竹声凉入窗”的意境。进入名竹区，那是精心安排，以“三分水，二分竹，一分屋”布置。在丛竹中，构筑竹屋数间，自为院落，连墙垣都以竹篱围代，分片栽种名竹。新春雨后，观笋人来，轩前水滨，赏春人过。轩中构件，雀替、撑牙、挂柱、美人靠全是以竹的图案雕饰，轩内陈设，竹窗竹槛，竹床竹椅，竹门竹帘，确如轩前楹联所言“竹动疏帘影，花明绮陌春”，让人处处感受到那种建筑与竹的和谐，人与竹的和谐。

叠石区，该区 8000 平方米，为修缮区域。著名园林学家陈从周先生指出：“个园以假山堆叠的精巧而出名，以石斗奇，采用‘分峰用石’的手法，号称四季假山，为国内唯一孤例。”可惜动乱年代破损严重，近 20 年经保护修缮，增荣饰观，旧景重光。

诗意分区，别具匠心，“分峰用石”即以一种石材配置一种植物，构成一个季节，蕴含一种意境；且四景并非一样大小，而是如一出戏，春为序幕——小，夏为发展——中，秋为高潮——大，冬为尾声——小，安排十分精心；四景既各自独立，又相互连缀，游园一周，似过一年，其感觉是“春夏秋冬，山光异趣；风情雨露，竹影多姿”。将画论中“春山宜游，夏山宜看，秋山宜登，冬山宜居”的理论以立体的园林形象表现出来。

春竹笋石，欣欣向荣。未入园门，只见修石依门，篠竹劲挺，两旁花台上石笋如春笋破土，缕缕阳光把稀疏竹影映射在园门的墙上，形成“个”字形的花纹图案，烘托着园门正中的“个园”匾额，微风乍起，枝叶摇曳，只见墙上“个”字形的花饰不断移动变换，“月映竹成千个字”（袁枚），令人不自觉地叹出“活了”！这“个”字，定出了园的基调，既使人想到“绿竹漪漪满园栽”的盛景，也使人领略到构园者的高风亮节。构园者虽未特别指出，但抓住最能体现春意的竹、石笋，采用“点石”之法，以竹石和谐相配，游者从中获得的必然是欣欣向荣、朝气蓬勃的审美感受。

枫杨湖石，夏景灵秀。过春景，首先映入眼帘的是夏山，全是用太湖石叠成，采用“造峰”之法，堆叠湖石山峰，秀石剔透，娇巧玲珑。扬州地处江淮，尢石可产，他方之石，运载不便，不可能有许多巨峰大石，因而叠石就在于运用高度技巧，将小石拼镶而成巨峰。其石块的大小，石头的纹理，组合巧妙，勾带联络，拼接之处有自然之势而无斧凿之痕，且多用阴拼。步入曲桥，两旁奇石有的如玉鹤独立，形态自若；有的似犀牛望月，憨态可掬。抬头看，谷口上飞石外挑，恰如喜鹊登梅，笑迎远客；远处眺，山顶上群猴嬉闹，乐不可支，佳景俏石，使人目不暇接。过曲桥入洞谷，洞谷如屋，深邃幽静，左登右攀，境界各殊。山涧石缝中，枫杨盘根错节；窗前阶下，雨打芭蕉玉立亭亭。人行其间，只见浓荫披洒，绿影丛丛，真是眉须皆碧了。

丹枫黄石，秋景峥嵘。秋山最倚画意，山由巉岩峭壁的安徽黄石堆就，其石有的颜色赭黄，有的赤红如染，仍采用“造峰”之法，堆叠黄石山峰。其势如刀劈斧削，险峻摩空，山隙间丹枫斜伸，曲干虬枝与嶙峋山势浑然天成；山顶翼然飞亭，登峰远眺，群峰低昂脚下，烟岚飘隐其中，虽是咫尺之图却有百千里之景的磅礴气势。

冬梅宣石，瑞雪迎春。从黄石东峰步石而下，过“透风漏月”厅，是用宣石堆起的冬景。宣石中含有石英，迎光闪闪发亮，背光皑皑露白。构园者是很懂得光的折射，他把冬景安放于厅后阳光不能直射处，采用“贴壁山峰”之法，堆叠宣石山峰，即让假山依墙，如果说“造峰”像通雕，那么“贴壁山峰”则像浮雕。无论近看远观，假山上似覆盖一层未消的残雪，散发着逼人的寒气。山畔池旁，冬梅点点，疏影横斜，暗香浮动，“霜高梅孕一身花”（袁枚）。

巧于连断，浑然天成。更可贵者，这春夏秋冬四景都不是孤立的个体截然分开，而是浑然天成。夏景是以曲线清新柔美的太湖石表现秀雅恬静的意境，秋景则以黄山石粗犷豪放的直线表现雄伟阔大的壮观。一具北方山岭之雄，一兼南方山水之秀，峻美、秀美风格迥异，却又在咫尺之内巧以楼前立体长廊相连，两山中间以峡谷和两丛竹分割，浑然一体而不显突兀，和谐统一极富诗情画意；冬景虽给人以积雪未消的凛冽之感，但靠春景的西墙却开了两个圆形漏窗，只见枝枝翠竹过墙来，又给人以“严冬过尽绽春蕾”的深远意境。整个园景犹如一幅构制巨大的画卷，形成一个个个性鲜明的山景，而又能将诸多山景汇于一园，相互映衬，相互比照，给人以“一石则见太华千寻”的美感享受。

豪宅区，该区为住宅区，4000 平方米，江南园林为节省地域，总是把生活用房集中，密集地布置于园林的前部，园林形成后花园，个园即为代表。清钱泳《履园丛话》云：“造屋之工，当以扬州为第一。如作文之变换，无雷同，虽数间之筑，必使门窗轩豁，曲折得宜……盖厅堂要整齐，如台阁气象；书斋密室要参差，如园亭布置；兼而有之，方称妙手。”这是黄氏住宅的注脚。

三纵三横，规模硕大。个园住宅建于公元1818年前后，是扬州盐业文化发展的代表宅第。刘凤浩《个园记》云：“个园者，本寿芝园旧址，主人辟而新之。”黄氏住宅是典型的清式扬帮建筑的标本，规模宏大，已修复的共有三组，由东向西形成三条轴线，每条轴线均分为前、中、后三进，平行排列，由两条火巷分隔又由抄腰廊连接，由东向西渐次高大。且火巷为大小头，南大北小，使中路较西路偏东2度3分，东路较中路偏东约51分，使中、东路趋北向的“巽”位，以与正方的“坎”位形成相生相克的关系，很值得研究。东中两轴皆为一层，前厅后宅，其宅都是扬派三合院式，即三间两厢，是传统的七梁五垫三道花标准式样。

东轴中进是楠木堂，为圆作，即立柱。梁椽皆为圆形，用料十分粗壮，且都是抬梁造。三间厅房中间不立一根柱，空间自然开阔，前后皆有兔耳梁的弓形轩廊，步梁端为蝉肚式，梁头皆雕成象头，做工特别考究。所有陈设家具也以“圆”配套，圆桌、圆凳、圆几，一切都突出“圆”。

中轴是正厅，建筑非常规整，其前进是柏木厅，为扁作，即立柱、梁架、枋椽等皆为方形，分主间与次间，连为一体，主间前以月梁弓形轩、明间屏门隔断，次间罩隔装饰，既连又断，分隔自如，其用料考究，做工上品。如果说楠木堂以“圆”取胜，这里则以“方”见长，所有家具陈设皆以“方”配套，是接待贵客的场所。

西轴是黄至筠自己亲造，比起东轴规模更大，东轴每进均为三间一层，而西轴是明三暗五，既遵循“庶民所居房舍不过三间”的封建礼制，又显示其富有豪华，且中进、后进为两层的住宅楼，开间轩敞，气势恢弘，布局严整，与东、中轴别一样风格。

三轴建筑的组织注重变化、层次，形成序列，天井内以花缸、盆景、供石等自然题材为点缀，形成了一种内向的，又是静谧的、高雅的空间。

个园重“旧”，住宅组成部分多为清代的遗存，如照壁、土福祠、门房墙基等，其中最有价值的楠木堂、柏木厅得以完整的保存，其中的用料制作都带有浓厚的明代痕迹。墙、板壁、格扇、屏门等构件均保持原样。如西轴首进花厅，前檐一根看梁三间通长，长11.2米，直径0.4米，这样的材料十分难得。再如墙面，扬州历尽兵燹战乱，民居屡砌屡倒，屡倒屡砌。砖虽断但仍结实，因此乱砖砌墙既可节材，又可减少建筑垃圾，世代相沿成习，也就锻炼出扬州工匠砌乱砖墙的技艺。空斗立砖砌叠之法，这使明代技法得以再现。厅堂内地坪均用水磨方砖铺地，上刷桐油，为防潮，下面均用瓦钵为衬垫，将砖架空。再如二轴首进以青砖水磨成凹形沟状嵌于檐下，与挂枋协调一致，看不出檐沟的痕迹，甚为美观，此种做法极为少见。

细部精致，极尽奢华。房屋的木雕、砖雕、石雕十分考究，楣窗、花板、飞罩、罩格、门窗肚板均为双面雕刻，以花鸟虫鱼、福禄寿喜的吉祥图案表现喜好、爱憎，很有特点。

雕饰的主题性，三轴各有主题，中路为“福”，西路为

"寿",东路为"禄"。每进皆围绕主题进行构思,以飞禽走兽、花卉翎毛、文字图案立体地表现,可谓奇思妙想。

雕饰的多样性,以"寿"为例,有松鹤延年,有八仙过海,有寿字纹饰,有仙桃献寿……前进 18 张隔扇,下部正反两面皆为高浮雕的松鹤图,每一扇都不同,有单鹤、有双鹤,有鹤翔、鹤戏、鹤立、鹤舞。

雕饰的变化性,凡建筑雕饰处,屏门、雀替、撑牙、飞罩、花隔,或浮雕,或浅刻、或镂空,皆根据建筑构件的功用,因材施艺。如东轴清美堂的飞罩,为鹤鹿同春图,飞罩皆为镂空雕;对称的松树,枝叶交柯,松下群鹿悠然戏春,门隔下的六幅梅花鹿的高浮雕,有立式、奔式、跳式、卧式,与飞罩的松鹿交相辉映。其子黄奭曾被钦赐举人,有《清颂堂丛书》《汉学堂丛书》传世,所以雕饰于富贵之外更富于书卷气,体现"家余风月四时乐,大羹有味是读书"的雅趣,提高了钟鸣鼎食之家豪宅的品位。

(十)富商豪园——豫园(上海)

豫园坐落于上海市市区南部旧城的东北角,北靠福佑路,东临安仁街,西面与上海城隍庙和豫园商城毗邻,是著名的江南古典园林,闻名中外的名胜古迹和游览胜地,1982 年被国务院列为全国重点文物保护单位。

上海市文化局与文物管理委员会十分重视这个名园,除加以管理外,还逐步进行了修整,给人口密度最大的地区以很好的绿化环境,作为广大人民游憩的地方,充分发挥了该园的作用。

豫园是明代四川布政使上海人潘允端为侍奉他的父亲明嘉靖间尚书潘恩所筑,取"豫悦老亲"的意思,名为豫园。从明嘉靖三十八年(公元1559年)开始兴建,到明万历五年(公元1577年)完成,前后花了18年工夫。17世纪中叶,潘氏后裔衰落,园林渐形荒废。清乾隆二十五年(公元1760年),地方士绅集资购得此园一部分,重新整理。当时该园前面已在清康熙四十八年(公元1709年)筑有"内园",两园在位置上有所不同,就以东西园相呼,豫园在西,遂名"西园"了。清道光间,豫园因年久失修,当时地方官曾通令由各同业公所分管,作为议事之所,共计21个行业,各处一区,自行修葺。道光二十二年(公元1842年)鸦片战争时,英军入侵上海,盘踞城隍庙5日,园林遭受破坏。咸丰十年(公元1860年),清政府勾结帝国主义镇压太平天国革命,英法军队又入侵城隍庙,

豫园(图片提供:潘宝明)

造成更大的破坏。清末,园西一带又辟为市肆,园之本身更加缩小,如今附近几条马路如凝晖路、船舫路、九狮亭等,皆因旧时凝晖阁、船舫厅、九狮亭而得名的。

豫园今虽已被分隔,然所存整体,尚能追溯其大部分。上海市重新规划,将来是要将它合并起来的。今日所见豫园是当年东北隅的一部分,现在的豫园可分成六大景区,每个景区都有其独特的景色。入园不久就可以看到一座大型假山,层峦叠嶂,清泉飞瀑,宛若真景。假山以武康黄石叠成,出自江南著名的叠山名家张南阳之手,享有"江南假山之冠"美誉。

张南阳号张山人,上海人,始号小溪子,更号卧石生。上代是农民,父亲是画家,从小就对绘画苦下工夫,有出蓝之誉。到后来他又用画家的手法试叠假山,随地赋形,做到千变万化,仿佛与自然山水一样。后人评价说:"沓拖逶迤,巀嶪嵯峨,顿挫起伏,委婉婆娑,大都转千钧于千仞,犹之片羽尺步,神闲志空,不啻丈人之承蜩,高下大小,随地赋形,初若不经意……"当时江南的一些官僚地主,在园中要建造一丘一壑,都希望由他来设计与建造,邀请他的人和信札差不多每天都有。他除设计外,自己也参加实际工作。《张山人传》说:"视地之广袤与所裒石多寡,胸中业具有成山,乃始解衣盘薄,执铁如意指挥群工,群工辐辏,唯山人使,咄嗟指顾间,岩洞溪谷,岑峦梯磴陂坂立具矣。"

他叠的上海豫园假山见石不露土,运用大量的黄石堆叠,石壁深谷,幽壑磴道,山麓并缀以小岩洞。而最巧妙的手法是能运用无数大小不同的黄石,将它组合成为一个浑然的整体,磅礴郁结,具有真山水的气势,虽只片段,但颇给人以万山重叠的观感。一般山的高度虽不过 12 米左右,一入其境,宛如在万山峻岭中，真是假山中的大手笔。假山为主，其下凿池构亭，桥分高下，隔水建阁，贯以花廊，而支流弯转，折入东部，复绕以山石水阁，因此山水皆有聚有散，主次分明，循地形而安排，犹是明代造园的一些好方法。

萃秀堂是假山区的主要建筑物，位于山的东麓，面山而筑。山路泉流迂曲，有引人入胜之感。自萃秀堂绕花廊，入山路，有明祝枝山所书“溪山清赏”的石刻，可见其地境界之美。到达山巅有平台，坐此四望，全园景物坐拥而得。其旁有小亭，旧时浦江片帆呈现槛前，故名望江亭。山麓临池又建一亭，倒影可鉴。隔池为“仰山堂”，系二层楼阁，外观形制颇多变化，横卧波面，倒影清晰。水自此分流，西北入山间，谷有瀑注池中。向东过水榭绕“万花楼”下，虽狭长清流，然其上隔以花墙，水复自月门中穿过，望去觉深远不知其终。两旁古树秀石，阴翳蔽日，意境幽极。银杏及广玉兰扶疏接叶，银杏大可合抱，似为明代旧物。大假山以雄伟见长，水池以开朗取胜，而此小流又以深静与前二者相颉颃。在设计时尤为可取的是利用清流与复廊二者的联系，以水榭作为过渡，砖框漏窗的分隔与透视，顿使空间扩大，层次加多，不因地小而无可安排。

小溪东向至点春堂前又渐广，“凤舞鸾鸣”为三面临水之阁，与堂相对。其前则为和煦堂，东面依墙，奇峰突兀，轩廊相连，花木葱茏，园亭相对，池水潆回，泉瀑如注。山巅为快阁，据此东部尽头西眺，大假山又移置槛前了。山下绕以花墙，墙内筑静宜轩。坐轩中，漏窗之外的景物隐约可见，而自外内望又似隔院楼台，莫穷其尽。点春堂，在清咸丰三年（公元 1853 年）上海人民起义时，小刀会领袖刘丽川等解放上海县城达 17 个月，即于此设立指挥所，因此也是人民革命的重要遗迹。

玉玲珑，是豫园的镇园之宝，被誉为江南三大名石之首，具“瘦、皱、漏、透”之美。据说是移自乌泥径朱尚书园，潘允端认为它是宋徽宗时搜罗的花石纲遗物。面对玉玲珑的是玉华堂。玉华堂内是典雅的明代书房摆设，书房的书案、画案、靠椅、躺椅等都是明代紫檀木家具的珍品。玉华堂前的白玉兰树是上海最古老的市花树。

内园原称“东园”，占地不过 0.12 公顷，建于清康熙四十八年(公元 1709 年)。亭台花木，池沼水石，颇为完整，在江南小型园林中，是保存较好的。晴雪堂为该园主要建筑物，装饰华丽，构造精巧，玲珑剔透，面对假山。山后及左右环以层楼，为此园之主要特色，有延清楼、观涛楼等。耸翠亭矗立小山之上，其下绕以龙墙与疏筠奇石。龙墙是豫园特色，墙上的游山是以碟瓦和砖、石灰做成一条龙，龙头相对，中有龙珠，为二龙抢珠，龙头以石灰、砖石叠成，栩栩如生；龙身以碟瓦做成，龙鳞镂空，盘旋曲折。出小门为九狮池，一泓澄碧，倒影亭台，坐池边游廊，望修竹游鱼，环境幽绝。此池面积至小，但水自龙墙下洞口流出，仍无局促之感。从池旁曲廊折回晴雪堂。“观涛楼”是最好的眺景之处，登楼原可眺黄浦江烟波，这是以借景化小为大，变有限为无限。

散布于豫园的许多砖雕、石雕、泥塑、木刻，不仅历史悠久，而且十分精致。《神仙图》《八仙过海》《广寒宫》《郭子仪上寿图》《梅妻鹤子》《上京赶考》《连中三元》等极具文物价值和观赏价值。

豫园作为中国传统文化的载体，从建园时即和书画结缘。

明代著名书画家王稚登、董其昌、王世贞、莫是龙等就曾在豫园赋诗题额、挥毫作画。宣统元年(公元1909年),高邕、杨逸、钱慧安、吴昌硕、王一亭等在得月楼发起组织的“豫园书画善会”成了海上画派的滥觞。经过多年积累,豫园现珍藏书画、家具、陶瓷等珍贵文物数千件。

令人欣喜的是,1999年在豫园建园440周年之际,江泽民同志欣然应邀为这座江南名胜题词“海上名园”。目前用黄山石勒刻的题词石矗立于豫园大门内,成为豫园一道最为亮丽的风景线。

(十一)天上人间——四时西湖(杭州)

杭州因西湖而有了天堂之誉。四时西湖,人间美景,天上人间。

苏堤春晓。这是西湖春景所在,位于西湖西侧,南北两端衔接南山路和北山路。全长2.8公里。它是北宋诗人苏东坡于北宋元祐四年(公元1089年)任杭州知州时,疏浚西湖,用湖中的淤泥堆筑而成的。苏东坡太聪明,一是清除了湖中淤泥,使湖水清澈;二是筑成长堤,方便了游人;三是栽花插柳,形成了景观,可谓一役三济,很有创意。堤上有6座石拱桥,自南向北分别是映波桥、锁澜桥、望山桥、压堤桥、东浦桥、跨虹桥。六桥风格基本一致,皆为拱桥,却桥桥不同。栏柱、栏板的细部花纹都各不一样,或如莲花,或似海棠,或像杏花,或若菱花,可以说各呈异姿,斗艳争奇。苏堤,又名苏公堤,是为纪念苏东坡而命名的,堤的南端建有“苏东坡纪念馆”。苏轼为官清廉,惠声遐迩,他的“水光潋滟晴方好,山色空濛雨亦奇。欲把西湖比西子,浓妆淡抹总相宜”,妇孺称颂,成为杭州的名片。

这条被两边湖水夹住的堤岸，现已铺上柏油路，两旁草坪添植了各式花木，其中柳和桃为主要树种，故有“西湖景致六吊桥，间株杨柳间株桃”的民谚。元代的“钱塘十景”中此处又被称为“六桥烟柳”。

如果说苏堤是春景，那么下面我们就到了夏景。

曲院风荷。南宋时称“麯院荷风”。“麯院”原是指一家酿制官酒的作坊，在今天的九里松东、洪春桥一带。当时，金沙涧水在此流入四湖，麯院取金沙涧水造麯酿酒，并在湖中种植荷花。花开时节，清香四溢，风景优美，令人陶醉，而在此处品酒赏荷更是人间乐事。随着岁月流逝，旧址无从查考。到了清康熙年间，为迎皇帝巡游，特地在苏堤跨虹桥畔的岳湖里引种荷花。康熙书名立碑，改“麯院”为“曲院”，正“荷风”为“风荷”，这样淡化了手工艺，突出了景观，融入西湖十景。

如今的曲院风荷位于岳王庙西南，分为岳湖、竹素园、曲院、风荷、滨湖密林、郭庄六大景区。进门便是竹素园。乾隆御书匾额“竹素园”悬于正中堂上。俞樾游此园曾书叠字楹联“翠翠红红处处莺莺燕燕，风风雨雨年年暮暮朝朝”，虽是文字游戏，倒也新巧动人。园中“湖山春社”是清代“西湖十八景”之首。竹素园后为岳湖。其中风荷主景区植有数十个品种的荷花，论颜色，有红、白、粉红、洒金、金边，色色娇美；论品种，有并蒂莲、品字莲、重台莲、千瓣莲、大王莲、碗莲，种种诱人。

若论秋景，当到平湖秋月。平湖位于白堤西端，成为白堤的起点。其三面临水，背倚孤山。唐代在这里建有望湖亭，明代改建为龙王祠，至清康熙三十八年（公元 1699 年）改建为御书楼，并在楼前筑起三面临湖的低平月台。平台向南伸出水面，视线低平，视野广阔，成了临湖赏月的好地方。

杭州人喜欢赏月，尤其是中秋佳节，赏月有三大去处：一是湖中三岛之一的三潭印月，这是在湖中赏月；二是位于凤凰山坡的月岩景点，这是在山上赏月；至于岸边赏月，首推这月白风清、水天一碧的平湖秋月。

这一馆轩三面临湖，四周曲栏画槛，面对湖最开阔处。每当皓月当空，湖平如镜，银光如盆，在此观月，仰看天际婵娟，俯视湖中月影，近处箫笛婉转，远方笙歌悠扬，天上人间，说不尽富贵风流，雅趣万千，真正是“万顷湖平长似镜，四时月好最宜秋”。

若求冬趣，当到断桥残雪。断桥位于白堤东端，一说，自平湖秋月的白堤至此而断，故称断桥。宋代叫宝祐桥。元代因桥畔住着一对以酿酒为生的段姓夫妇，故又称为段家桥。现在的断桥为 1914 年改建，桥东有“云水光中”水榭和“断桥残雪”碑亭。

断桥是西湖三大情人桥之一。它的出名与民间故事《白蛇传》有关，白娘子和许仙缠绵悲怆的爱情故事就是从断桥相会、借伞定情开始的。两人历经磨难再次在断桥相会时那生离死别的情景，又给每个游览断桥的游客以无尽追思。尽管白蛇是异类成仙，世俗对此竭尽迫害，但矢志不渝的爱情却是仙道无法拆开、礼教无力阻拦的，天上人间情爱悠悠，这就是《白蛇传》的魅力。

由于断桥背城面山，正处于外湖和北里湖的分水点上，视野开阔，是冬天观赏两湖雪景的最佳处所。每当瑞雪初晴，站在宝石山上眺望，桥的阳面已冰消雪化，“雪残桥断”；而桥的阴面却还是白雪皑皑，故从阴面望去，又是“断桥不断”。

（十二）岛上园林——三潭印月（杭州）

湖中有湖是西湖理水的一个特点。

古代园林从汉代开始就有在池上建岛，岛上建园的习惯。湖中有湖，湖中有岛，岛上有园是西湖的特色。西湖中有三岛，湖心亭、阮公墩、三潭印月，它们各具特色，点缀西湖。

湖心亭开发最早，明朝初年，有人在此建湖心寺，上面建了三座石塔，但很少有人光顾，不久便塔倒寺废。明嘉靖三十一年（公元 1552 年），知府孙孟在寺的旧址上，盖起了亭子，围起了石栏，栽花植树，可惜不久又亭圮栏毁。直到明朝万历年间，两次修建，以石块将沿岛驳砌，防止了潮水冲击，又沿岛栽柳植桃，重新建亭，先称振鹭亭，又称清喜阁。该阁双檐、四面厅形式，屋顶铺设金黄的琉璃瓦，四角悬风铃。该亭柳树环绕，风起处，柳条拂窗棂，风铃声悠悠。早晚雨雾，各呈异姿，晨雾时烟雾迷蒙，日出时熠熠闪光。“四面窗轩宜小坐，一湖风月此平分”，虽平实却趣味盎然，有“蓬莱宫在水中笑”之誉。此处最宜坐，从亭中向四周看，视野十分开阔，亭周湖水环绕，远处青山起伏，阮公墩、三潭印月近在咫尺。“停阑四面空明里，一面城头三面山”，不愧为“湖心凭眺”的佳境。

阮公墩地处湖心亭西北，两岛相离一箭之地。该岛本是很小的一座荒岛，一直到清嘉庆五年（公元 1800 年）。当时，西湖部分水面淤泥壅塞，任浙江巡抚的扬州学者阮元耗费两年时间，将挖出的二万四千多吨湖泥堆成了近 0.5 公顷的小岛，湖得以疏浚，岛为湖增美，就地处理、化废为宝，节约了费用，可谓一举而三事济，所以人们感谢阮元，将此岛起名阮公墩。一百多年后，清道光年间，兵部尚书彭玉麟晚年退居西湖，意建“闲放台”作退隐之所，曾和学者俞樾同到此勘察，因太软只好戏称其"软公墩"，而收回了岛中建府之想。直到1982年，园林工人添加一千多吨泥土，建造了248平方米的竹屋茅亭，铺设140米的环形园路，种植了乔木灌木，形成清幽的钓鱼所在。尽管是钓鱼之岛，但人们并未忘记阮公的贡献，一入岛，由石头叠砌的假山上，"阮公墩"三个大字，遒劲有力，非大手笔而无此风，这是大书法家沙孟海先生的手笔，是点睛之笔。虽没有富丽堂皇的馆轩，却有古朴素淡的野趣，这是山树皮结顶的"忆芸亭"，周围因阮元号"芸台"，人们没有忘记这位先哲的不喜浮华，简朴的亭台佳木葱茏，花卉争艳，充满着诗意，形象地表现出"绿树花丛藏竹舍"的淡雅。"云水居"是全部用竹建成的轩馆，竹的篱笆，竹的廊柱，竹的屋顶，竹的窗棂。普通的竹材，在能工巧匠的手里却是妙趣横生，不免引起人归隐田居之意。沿堤柳荫疏密有致，一个个垂钓者秋风把钓，求的是安宁，求的是恬静。

三潭印月是西湖中的大风景。不仅是小中见大，而且是选择了独特的地势——湖中之岛，且在岛上开挖出许多星湖——岛上有湖。105亩的岛上，水面占了近70亩。岛是逐年形成的，首先映入眼帘的是三座石塔，这是迷人的景观，传说多种多样，有人说是古代夜间捕鱼的标灯，有人说是镇伏在西湖作怪的黑鱼精的石香炉的三支脚，传说的确优美，追本溯源是苏东坡疏浚西湖用葑泥堆成岛，以石塔作标志，塔以内湖面不许侵为菱荡。到了南宋末年，石塔就不见了，明朝万历年间重设，就纯粹是点缀湖面的装饰了。现今的石塔取的仅是苏东坡的意思，石塔却是后人重建的。很多人对"三潭印月"不解，误以为"三月印潭"，其实传说湖中有三个深潭，合称三潭，所以三潭印着月亮。石塔高两米许，塔基是扁圆石座，塔身呈球形，球上环绕着5个小圆孔，塔顶作葫芦状，好事的园工常在深秋夜晚在塔顶点上蜡烛，洞口蒙上白纸，烛火透过圆洞倒映水面，宛如一个个小月亮，倘遇月夜，小月亮与天空倒映在湖中的月亮相映，如众星捧月一般，就出现了“多月印潭”的奇观，因而成为西湖一景。今人发现在“我心相印亭”上看这三石塔，先看居中的一塔，让视线从中洞码头穿过，再望左右两个，将三塔和岸上立脚点连缀，就成了两个全等三角形，塔上的圆洞正对着你，你就可以看见三月印在水面，加上天上月亮的倒影，有“三潭塔分一月印，一波影中一圆晕”的诗句赞美这种现象。

三潭印月实际上是古代与现代园艺家智慧的结晶。首先是恰当地利用湖水，以黄石将整个岛围砌，沿岛一棵挨一棵地植种柳树，以此作为绿色屏障和外面湖面隔开，即使外面狂风大作，三潭印月里面仍然波平浪静，成为西湖中的静域。在三潭印月岛上，以近乎垂直的两条路堤将岛的东西南北连缀，自然形成“田”字状的四个小湖面，宛如仙山琼岛，又称“小瀛洲”。即曲桥假山迂回多趣，楼阁亭台千姿百态，远与近，大与小，高与低，动与静布置得恰到好处，点到人心。主景区九曲桥，九曲三回三打弯；西为“开网亭”，有“网开一面”之意；东为“亭亭亭”，取自明诗人聂大年“三塔亭亭引碧流”的诗意；两座桥亭，一西一东，东高西低，东在桥上，西在桥侧，东为长方形，西为三角形，咫尺之内，富于变化。桥中向南近对湖中九狮石，一石上似有九狮嬉闹，远对“我心相印亭”，在在变化，处处趣味。白天可观花，中心绿洲，环形绿岛，春时月季、丁香、玉兰、海棠次第开放；夏时，满湖的绿荷，大红、鹅黄、粉红、洁白的睡莲；秋时，粉墙内丹桂飘香，红叶喷火，蕊菊娇艳；

冬时，不仅腊梅绽放，连山茶也破雪而出，独步早春，让你心醉，让你神怡。

这堵粉墙上书“竹径通幽”，是清康有为所题，粉墙上有4个花窗，分别是“松鹤延年”、“梅鹊报春”、“凤戏牡丹”、“柏鹿争辉”，以动植物形象表示禄贵寿喜，祝福大家如意吉祥。

（十三）陵墓园林——岳坟（杭州）

在栖霞岭南麓，西湖西北角岳湖畔，坐落着岳王庙，始建于嘉定十四年（公元1221年），改原智果寺为褒忠衍福寺，又名忠烈庙。岳飞（公元1103～1142年），字鹏举，相州汤阴（今河南汤阴）人，南宋抗金名将。三次率岳家军北伐，收复中原大片失地，令金兵惊呼：“撼山易，撼岳家军难！”正当乘胜北进时，被一心求和的宋高宗和秦桧以十二道金牌逼令班师，解除兵权。绍兴十一年（公元1141年）十月被诬告谋反，下大理寺狱。十二月二十九日（1142年1月27日）赵构下诏“赐死”，一代忠良以“莫须有”罪名被杀害。刑前，岳飞心含冤屈，悲愤地写下“天日昭昭，天日昭昭”八个大字。21年后，宋孝宗继位，下诏追复岳飞原官爵，谥武穆，以礼改葬于栖霞岭，墓园名“精忠园”。

岳庙大门，正对西湖五大水面之一的岳湖。墓庙与岳湖之间，高耸着“碧血丹心”石坊，寄托着炎黄子孙对这位民族英雄的敬仰之情。岳飞墓（庙），背山面湖，巍峨壮观。内分忠烈祠、启忠祠、墓园三部分。头门是一座二层重檐建筑，巍峨庄严，赭红色的围墙，重檐飞角的门楼，在青山映衬下格外醒目。正中悬挂“岳王庙”三字竖匾，继而是一个天井院落，中间是一条青石铺成的甬道，两旁古木参天，正面的重檐歇山顶建筑就是岳庙的主体建筑忠烈祠。檐间“心昭天日”金字

岳王庙(图片提供:沈腊梅)

大匾,为叶剑英元帅题书。忠烈祠大殿正中是4.5米高的岳飞戎装彩塑,身着紫色蟒袍,臂露金甲,眉目间流溢出英武之气。坐像上面是岳飞手书的“还我河山”的横匾,气势恢弘,寥寥数字写出了岳飞毕生为之奋斗的志向所在。左右两边是“碧血丹心”与“浩气长存”横匾,殿西壁上是明代杭州参政、莆田人洪珠写的“精忠报国”四个大字,铿锵有力,彪炳夺目。藻井天花板上,白鹤展翅翱翔,象征着岳飞的浩然正气和远大志向。正殿后面两旁是《岳母刺字》等巨幅壁画,历数着岳飞精忠报国的英雄业绩。

岳飞墓园在忠烈祠西侧,陵园入口处有“精忠柏亭”,内有枯柏8段。传说这棵柏树原在大理寺风波亭边,岳飞遇害时,天地失色,古柏枯死,后人就将其移放到岳坟,世称“精忠柏”。其实枯柏并非南宋古柏，而是属于松柏科的植物化石，其历史有一亿二千万年以上了，精忠柏的传说无非寄托了人们对民族英雄的崇敬和追思。

与此对应的是岳飞陵园内的一株古桧，此树自根部劈开，一分为二，人们把它叫做“分尸桧”。明天顺八年(公元1464年)，杭州同知马伟锯而植之，首尾分处，以示磔桧状。祭拜岳飞的人们看到墓前的桧树一分为二，误以为鬼神共诛，无不拍手叫好。出于同样的原因，杭州人把油条称作“油炸桧”，模拟“分尸桧”的形状，把秦桧扔进油锅，杭州人民对秦桧之流的切齿痛恨由此可见。

进墓阙重门就到了岳飞墓园，墓道两侧有石马、石虎、石羊各一对，石翁仲三对，都是明代的遗物。正中便是岳飞墓，墓径7米，高2.7米，坐西朝东，墓碑上刻着“宋岳鄂王墓”。左边是岳云墓，墓碑上刻着“宋继忠侯岳云墓”，岳云是岳飞的养子，英勇善战，“年十二从张宪战，号‘赢官人’，手持两铁锤，重八十斤。(岳)王征战，未尝不与，每立奇功，王则隐之”，这样一个不为名、不求利，专心一意杀敌保民的英雄，却因为是岳飞的儿子而惨遭杀害，死时年仅22岁。两墓保持宋代的式样，石砌墓椁，周围古柏森森。墓前一对望柱上刻有一副对联“正邪自古同冰炭，毁誉于今判伪真”，昭示着岳飞墓前这一场千秋功罪的历史判决。墓阙下的铁栅内，下跪着双手反剪的秦桧、王氏、万俟卨、张俊四大巨奸的铁铸像。因为众怒所归，铁像屡屡被人们击碎。自明正德八年(公元1513年)以来，这几个无耻之徒的丑像曾先后重铸，现存铁像已是第九代了。跪像背后墓阙门柱上镌着那副著名的石刻楹联：“青山有幸埋忠骨，白铁无辜铸佞臣。”关于墓前奸佞跪像的来历，据记载，“墓前之有秦桧、王氏、万俟卨三像，始于正德八年，指挥李隆以铜铸之，旋为游人挞碎。后增张俊一像。四人反剪，跪于丹墀。自万历二十六年，按察司副使范涞易之以铁，游人椎击益狠，四首齐落，而下体为乱石所掷，止露肩背”。其原因正如史志所载“铁铸桧、卨，人之欲不朽桧、卨也，甚于忠武”，为的就是让这些败类遗臭万年。后世有秦氏后裔仰慕岳飞而致祭，嗣后以诗表心迹：“人到宋后少名桧，我到墓前愧姓秦。”明代巡抚王汝训因与王氏同宗，偷偷将王氏、张俊二像沉于西湖之中，却不料西湖之水一夜之间臭气熏天，愤怒的烈焰顿时燃遍杭州，王汝训只能装聋作哑，百般抵赖，甚至信誓旦旦，当众声言“如有铁像沉湖，愿意辞官”。不料话音刚落，铁像竟浮出湖面，飘向岸边，而湖水也恢复了往日的景象，唬得王汝训抱头鼠窜。传说难免夸张，但却把天人共愤的情势烘托无遗。“文革”时“破四旧”，岳庙曾遭破坏，现在墓前的四个跪像，是1979年修复岳坟时依据河南汤阴县岳飞纪念馆的铁像重新铸造的。

墓园东侧是启忠祠，原来祭祀岳飞父母、妻儿，现辟为岳飞纪念馆，陈列岳飞的生平事迹，供游人瞻仰。两侧是碑廊，陈列着历代石碑127块。北廊是岳飞诗词、奏札等手迹，他的捷报胜利的《奏札》《谢媾和赦表》，其中有传诵千古的《满江红》，“怒发冲冠，凭栏处、潇潇雨歇。抬望眼，仰天长啸，壮怀激烈。三十功名尘与土，八千里路云和月。莫等闲，白了少年头，空悲切。靖康耻，犹未雪。臣子恨，何时灭！驾长车，踏破贺兰山缺。壮士饥餐胡虏肉，笑谈渴饮匈奴血。待从头收拾旧山河，朝天阙”。岳飞亲笔手书的诸葛亮《前出师表》和《后出师表》，还有气壮山河的“还我河山”，无一不是描摹岳飞忠君爱国高大形象的浓墨重彩。南廊是岳庙几次重建的碑记和历代名人凭吊题咏，“心昭天日”（叶剑英）、“尽忠报国”（明代洪珠）、“民族英雄”（冯玉祥）、“精忠贯日”、“伟列纯忠”、“气壮山河”等几十方匾；数百副联对，如：“誓复中原，浩气弥纶吞北虏；重新神宇，忠灵赫濯奠西湖”，“民族主义，历元清鼎革，始达完全，如神有知，稍解生前遗恨；圣湖风景，得祠墓点缀，差不寂寞，兹地之胜，允宜庙貌重新。”（蔡元培撰）“观瞻气象耀民魂，喜今朝祠宇重开，老柏千寻抬望眼；收拾山河酬壮志，看此日神州奋起，新程万里驾长车”（赵朴初撰）等。其中蔡汝南《岳王墓》诗愤怒指责宋高宗赵构：“谁将三字狱，堕此一长城。北望真堪泪，南枝空自荣。国随身共尽，君恃相为生。落日松风起，犹闻剑戟鸣。”徐渭则沉痛凭吊岳飞：“墓门惨淡碧湖中，丹雘朱扉射水红。四海龙蛇寒食后，六陵风雨大江东。英雄几夜乾坤博，忠孝传家俎豆同。肠断两宫终朔雪，年年麦饭隔春风。”面对同样的山河破碎，明末名士张岱有感而发：“西泠烟雨岳王宫，鬼气阴森碧树丛。函谷金人长堕泪，昭陵石马自嘶风。半天雷电金牌冷，一族风波夜壑红。泥塑岳侯铁铸桧，只令千载骂奸雄。”董其昌的《岳坟柱对》：“南人归南，北人归北，小朝廷岂求活耶。孝子死孝，忠臣死忠，大丈夫当如是矣”。张岱的《岳坟柱铭》：“呼天悲铁像，此冤未雪，常闻石马哭昭陵。拓地饮黄龙，厥志当酬，尚见泥兵湿蒋庙。”还有无名氏的“奇祸陷风波，南宋山河才半壁；精忠贯日月，西湖俎豆足千秋”，字字鞭挞南宋小朝廷的昏庸腐败，句句颂扬岳武穆的节义千秋。

岳庙后门有一块风雨严重剥蚀的石碑，上面镌刻着岳飞的一句名言：“文臣不爱钱，武臣不惜死，天下何愁不太平。”

苔蔓尘封却掩不住真理的光辉,依稀可辨却透溢出震动人心的真知灼见。靖康之难,徽、钦二帝蒙尘胡天,泥马渡江的康王赵构狼狈逃窜,颠沛流离,一如丧家之犬,但到登上高宗宝座,早把匡复中原抛诸九霄云外。“山外青山楼外楼,西湖歌舞几时休?暖风吹得游人醉,直把杭州作汴州”。君嬉臣怠,苟且偷安,不能不说是南宋小朝廷的悲哀。抚碑思人,难免堕泪如登岘山,而字字千钧,更似惊雷震撼,令人警醒。

(十四)书法家园林——兰亭(绍兴)

我们从禹陵来到了兰亭,刚刚瞻仰过巍峨宏丽、画栋雕梁的殿宇,再见到曲水弯环、幽兰修竹的兰亭,顿觉耳目一新。真是“竹风随地畅,兰气向人清”,好一派山林野趣!兰亭位于绍兴东南约 15 公里处的兰渚山麓,兰溪江畔。据《越绝书》记载“勾践种兰渚田”,小洲因得名“兰渚”,附近的山水亭台也都由此得名:兰渚山、兰溪、兰亭。如今,兰亭已是游者云集的天下名胜,然而最初的兰亭可能只是如邮铺似的小型建筑物。清代于敏中在《浙程备览》中说:“或云兰亭,非右军始,旧有兰亭,即亭堠之亭,如邮铺相似,因右军禊会,名遂著于天下。”如此看来,兰亭从右军(王羲之)等人在此地做修禊活动后才“著于天下”进而成为天下名胜的。

江南三月,往往阴雨连绵,可这一天日暖风和,天气格外晴朗,四周山峦如绿色屏障,兰溪似白练,穿过青青翠竹生长的山水之间,景色迷人。聚集此地的大多是天下名流,士族豪门子弟,他们都有很高的文化修养。难得相聚,令人欢欣。况逢如此天气,如此美景,人们的兴致都特别高。他们在水边做完了祓祭仪式,便依次列坐在蜿蜒曲折的兰溪两岸,让书僮把斟满酒的羽觞放在溪流之上,让其顺流而下,停在谁的面前,谁就得取而饮之，饮罢，还要即席赋诗，每人至少一首，做不成，要罚酒三斗。42 人中，11 人成诗二首，15 人成诗一首，16 人做不成诗，各被罚酒三斗。

他们把诗收集起来，公推王羲之为之作序。王羲之乘兴即席挥洒（据说用的是蚕茧纸，鼠须笔），写下了被称为“天下第一行书”的《兰亭集序》。这篇序文叙写山水嬉游之乐，境界清新疏朗，笔调简洁明快，抒发感情深沉动人，富于浓厚的哲理韵味，是一篇融情、景、理于一炉的极优秀的散文作品，尤其是该文书法风格如行云流水，姿态横生，字字珠玑，字里行间流荡着一派自然活泼的生机，是历代学书者的最高典范之作。原书影响太大，时人纷纷临摹，尤其是唐人临摹已成风气，可贵的是，临摹时不仅努力汲取原作的精髓，同时也掺杂进自己的个性，这就形成了风格各异的兰亭序。其中以“冯承素摹本”与真迹最为接近，久负盛名，有“神龙本”之誉。

据说，山阴地方一位老道，想求王羲之写一本“黄庭经”，他知道王羲之喜欢白鹅，于是就特地养了一群逗人喜爱的白鹅。王羲之路过，见白鹅羽毛白净，形态优美，不由得驻足不前，进而要求买鹅，道士说：“钱我不要，只要你写本《黄庭经》。”羲之欣然答应，笔走龙蛇，不过半日，经成搁笔，道士已把群鹅用笼子装好。这就是“书成换白鹅”的故事。

兰亭特别建有鹅池，尤其引人注目的是鹅池碑亭上刻的“鹅池”二字，传说这二字出自王羲之和王献之父子二人的手笔。一天，王羲之题写“鹅池”二字匾额，刚写完“鹅”字，忽闻圣旨到了，遂搁笔迎旨。颇以书学自负的王献之趁父亲离去之际，挥笔补上“池”字。父子二人，笔势神采迥然不同，却珠联璧合，别有一番妙趣。

（十五）诗人园林——沈园（绍兴）

沈氏园简称沈园，位于绍兴城的东南隅，原是越中大族沈氏的私家园林，自宋代建成后不久便成为一处令人神往的江南名胜、天下名园。也许大家会说，从园林艺术的角度来看，它既没有北京颐和园壮观宏大的规模气势，也没有苏州名园别致新巧的设计布局，为什么会如此知名呢？不用说，园以人名，人以园著。它的驰名于世，主要是由于越中名人陆游与其前妻唐琬题在园壁上的两阕《钗头凤》词。

陆游（公元1125～1210年），字务观，号放翁，南宋伟大的爱国诗人。他生活的时代是金人肆虐，中原沦陷，南宋王朝避居江左，苟且偷安，民族矛盾空前激化的时代。陆游诗情将略，才气过人，自幼怀有收复失地、重整山河的宏伟抱负。他渴望得到南宋统治者的重用而一展雄才，但由于主和派的压制排挤，陆游只能带着满腔遗恨离开了人世。他的诗歌充满了效命沙场、为国捐躯的热情和报国无门、怀才不遇的感慨。诵读这些作品，既令人热血沸腾又让人扼腕叹息，而他深情追念前妻唐琬的诗词不仅让人为他们不幸的婚姻一掬同情之泪，又让人从另一侧面看到诗人铁马金戈悲壮之外的儿女情长。

大家请看，如今园的围墙已粉刷一新。这里有一形似葫芦的小池，上架石板小桥，旁有假山、水井，据说这些都是宋时的旧物，这里是当年陆游和唐琬驻足相思之处。

陆游大约于20岁与表妹唐琬结婚。夫妻二人志同道合，浓情蜜意，却为严厉的陆母所不容。母亲担心儿子沉溺于儿女之情而销蚀进取之心，遂于婚后两年左右便硬行拆散了这对恩爱夫妻。旧时的礼教是杀人的利刃，儿子只能无条件接受母命,无丝毫提出抗辩的权利。

二人洒泪诀别。不久唐琬改嫁同郡赵士程,陆游也再娶王氏。然而这段情意铭心刻骨,令人无时能忘。陆游30岁左右这年春季的一天,天日晴和,春意正浓,他出游沈园,不期与离别多年的前妻唐琬及其后夫赵士程相遇。唐琬遣人送酒致意。看到魂牵梦萦的前妻憔悴的容颜,隐含忧愁的神态,陆游无限感伤,压抑不住内心的感情冲动,在园壁上挥笔题下了这阕脍炙人口的名篇《钗头凤》:

红酥手,黄縢酒,满城春色宫墙柳。东风恶,欢情薄,一怀愁绪,几年离索。错!错!错!

春如旧,人空瘦,泪痕红浥鲛绡透。桃花落,闲池阁,山盟虽在,锦书难托。莫!莫!莫!

词的上阕写他俩邂逅重逢,回忆唐琬的温存、体贴,被迫拆散分手后的愁怨。下阕写分离后相思之苦,往事不堪回首抱恨终生的心情。这首词一方面抒发了诗人悲伤怨恨的情怀,另一方面又对封建恶势力进行了谴责,感情真挚强烈,因而博得后人广泛的同情和喜爱。

唐琬见后也十分伤感,不禁和了一首:

世情薄,人情恶,雨送黄昏花易落。晓风干,泪痕残,欲笺心事,独语斜阑,难!难!难!

人成各,今非昨,病魂常似秋千索。角声寒,夜阑珊,怕人寻问,咽泪妆欢,瞒!瞒!瞒!

这首词感情真挚,言简意丰,泣诉了别后对陆游缠绵的思念之情,自己内心的痛苦和尴尬处境,同时也流露出对爱情悲剧制造者的不满情绪。可以说,陆词沉痛而唐词凄婉,都是血泪凝成的不朽之作。

沈园相会后不久，唐琬便抑郁成病，玉殒香消，这给陆游的心灵造成了难以弥合的创伤。从此他陷入了深深的追念和痛悔之中，而沈园也成了陆游的伤心断肠之地。他曾多次游沈园，每游沈园甚至是梦游，都会有伤心断肠的哀曲从心底自然流出：

枫叶如丹槲叶黄，河阳愁鬓怯新霜。
林亭感旧空回首，泉路凭谁说断肠？
坏壁醉题尘漠漠，断云幽梦事茫茫。
年来妄念消除尽，回向蒲龛一炷香。

《禹迹寺南有沈氏小园》(68 岁作)

尤其是诗人 75 岁时，唐琬已死多年，沈园也已三易其主，陆游又一次来到沈园，见他当年的题词仍留壁上。诗人为之怅然，当即写下两首悼念亡妻的诗：

城上斜阳画角哀，沈园非复旧池台。
伤心桥下清波绿，曾是惊鸿照影来。

梦断香消四十年，沈园柳老不飞绵。
此身化作稽山土，犹吊遗踪一泫然。

《沈园诗二首》(75 岁作)

一直到八十高龄，他还难消心中爱情的隐痛，写下一系列沈园的诗：

路近城南已怕行，沈家园里更伤情。
香穿客袖梅花在，红醮寺桥春水生。
城南小陌又逢春，只见梅花不见人。
玉骨早成泉下土，墨痕犹锁壁间尘。

《十二月二日夜梦游沈氏园亭三首》(81 岁作)

城南亭榭锁闲坊，孤鹤归飞只自伤。

尘渍苔侵数行墨，尔来谁为拂颓墙？

《城南一首》(82 岁作)

沈家园里花如锦，半是当年识放翁。

也信美人终作土，不堪幽梦太匆匆！

《春游四首》之三(84 岁作)

尽管这类作品在陆游的全集中比重很小，却有着独特的地位。正如陈衍在《宋诗精华录》中所说："无此等伤心之事，亦无此等伤心之诗。就百年论，谁愿有此事？就千秋论，不可无此诗。"从艺术成就上来说，这些作品完全可与元稹的悼妻诗《江陵三梦》和《遣悲怀》相提并论，而悲剧的意味尤深。

几百年来，几经兴废，沈园的占地面积由原来的 70 余亩缩小到 18.5 亩，但由于精心的设计修建和对其文化情调的突出，沈园焕发出更加迷人的风采。现在的沈园内景点众多：双桂堂、冠芳楼东西雄峙，诗境石和题词壁南北相望，正中端居着俨然欲飞的孤鹤轩，轩后是碧波荡漾、红荷映日的天池涧。此外，还有六朝井亭、闲云亭、宋井亭、葫芦池等。在这些景观前徜徉、追怀，我们仿佛又见到陆游唐琬的身影，多么希望他们能享受真正的爱情生活。

我们来到主景——双桂堂，这是陆游纪念馆，前后两个陈列室展出不同版本的陆游著作，介绍陆游家世、生平事迹的文字，连环画和一些名家的书画作品等。这是陆游的半身雕像，他手握书卷，神态坚毅庄严，深邃的目光中既流露出收复中原的坚定意志、报国无门的痛苦无奈，又流露着深情追念前妻唐琬的黯然神伤。门侧题有一代词学大师夏承焘撰写的楹联：

禹迹问遗踪，犹传临水惊鸿句；

燕然寻梦路，未死冰河铁马心。

这是对陆游光辉一生的高度总结，也是对陆游矢死不渝的爱国热情和纯真爱情的礼赞。

这是题词壁，上面题有陆游和唐琬的《钗头凤》词。两词是后人依据可能寻觅到的墨宝，结合两人的性格仿作的。

千古名园——沈园，受到世人越来越深的赏爱，中外游客越来越多的造访，可以说在中国还没有一处园林像沈园那样由于一个诗人和一个女子的题词而赢得世人如此的青睐，也没有一对夫妻的爱情值得人们如此长久地扼腕叹息，悲泪滂沱。

三、岭南园林的欣赏与导游

（一）借山藏海的园林——菽庄（厦门）

看惯了江南园林的小巧精致，到了鼓浪屿，凭海临风，感受到闽南园林山奔海立的雄奇，的确耳目一新。

一到菽庄花园，自然要探询园的主人林叔臧，他原籍福建，先辈迁居台湾，在那里建了板桥别墅。清政府依“马关条约”割让台湾给日本，其父不愿当亡国奴，举家回归大陆，尔后来到鼓浪屿鹿耳礁定居。青年林叔臧经常伫立海滨，翘首东望故园，思念板桥别墅。随着年岁渐长，乡愁倍增，他决定就地建造一座花园，以此寄托对“板桥别墅”的怀恋和对台湾的思念。1913 年，林叔臧选择了鼓浪屿东南隅港仔后东侧山坡地，聘名师巧匠，建造菽庄花园。青年时的叔臧既怀报国之志，又雅爱诗文书画，“菽庄”即“叔臧”二字的谐音。园主人的身份奠定了花园的基调，爱国之情和恬淡之志融于一体，成为文景并茂的闽南代表性园林。

先让我们进入“藏海园”，“藏海”，即将山海揽入怀中，悉心保护。一入菽庄花园，只见依山结宅，导水为园，虽是不足十亩的海岸石坡，且不怎么美，但叔臧的可贵在善于借景。临海的坡面，海湾的礁石，涨落的潮水，围池砌阶，造桥建亭，使原来十分狭窄的一处小海湾，借四周自然美景，竟变成了涵纳大海、视野开阔的海上花园。我们徜徉于十亩地的一隅，极目却是碧波万里，太空千寻，真是风光万千，变幻莫测，这是“纳山海之景于一园”的大手笔。

对比是最好的老师，苏州、扬州园林都强调藏与露。藏山，藏水，山水不过是一池一塘而已；瑞士造园有口皆碑，也不过是“藏湖”而已；而菽庄却是“藏海”。一进花园，先是一堵高而宽的黄色萧墙，如一道屏障挡住游人视线，请先驻足观赏墙前盆景。绕过萧墙进入眉寿堂，这是园主人宴请宾客之所。“眉寿”即长寿，语出《诗·豳风·七月》：“为此春酒，以介眉寿。”眉寿堂又称“谈瀛轩”。“谈瀛”语出李白《梦游天姥吟留别》起句：“海客谈瀛洲，烟涛微茫信难求。”这里的瀛，用以指代当时被日本占领的台湾，表达了园主怀念台湾和板桥别墅的心情。

壬秋阁很有特色，一半建在陆上，一半支在水中，东南两墙的门一朝陆地，一向海水，在其中小坐，可得山景、海景两幅图画。因此阁建于1922年，即农历壬戌年而得名。林叔臧在题为《壬戌七月既望壬秋阁落成是夕雨初霁与客泛舟鹭江》的诗中写道：

无定阴晴一莞然，欲得消息问青天。
雨听昨夜潇潇急，月看今宵故故圆。
应有奇谈惊海客，可无韵事续坡仙。
横江鹤去箫声在，未信消沉八百年。

有趣的是，诗中的“横江鹤”、“箫声”、“问青天”、“八百年”等都是从苏东坡的诗文中取意。苏东坡《前赤壁赋》写道：“壬戌之秋，七月既望，苏子与客泛舟游于赤壁之下……客有吹洞箫者，倚歌而和之。”《后赤壁赋》则有：“适有孤鹤，横江东来……掠予舟而西也。”《水调歌头》起句便是：“明月几时有？把酒问青天。”苏东坡文中的壬戌是公元1082年，林叔臧诗中的壬戌是1922年，相去虽是840年，主人的心和诗人的心却是相通的。林叔臧题写“壬戌阁”落成的诗，围绕着两个壬戌之秋，用了许多坡仙典故，其实质是对未来充满希望，相信“未信消沉八百年”，台湾最终会和大陆统一。他的诗为这个亭阁赋予中华文明的光彩。

折入圆拱门，立于树下，才见万顷碧波豁然奔入眼底。走上座44曲桥——这是真正的44，据说园主人建桥时正好44岁，顺着山崖与海滩而建的曲折长石板平桥，把人引渡到大海的深处去领略大海的景象。丹崖巨石之间，海坡山麓之旁，几十座梁桥临波卧海，随势造形，桥面大小高低，错落曲折，连缀宛若游龙。垒台建亭，或直插海心，或半建陆上，或半支水中，菱形的真率亭，方形的千波亭，折扇形的招凉亭，月形的渡月亭，真正是“长桥支海三千丈，明月浮空十二栏”。

“园林之妙在于借”，但一般的园无非是借一山、一石、一亭、一阁，菽庄花园却因海构图，就势造景，借声、借意、借影，它因地而借，既仰借日光岩，让高山碧天为屏障；又俯借碧海沙滩，以变幻大海为铺垫。它借海上艘艘轮船，片片渔舟，形成流动的美；又借碧空群群鸥鹭，展翅乘风，形成活力的美。它因时而借，春潮秋汛，春花秋月，鸟鸣蝉蛰，风啸涛音，山色、海色、天色，晨昏的霞光，夜半的月色，山巍峨，风呼啸，树摇曳,云飘逸,这是一幅动画,新鲜阔大,变幻流动,动静结合,内外渗透,有限变为无限。

补山园,“补山”用心良苦,阴寒山河虽破碎,但应万众一心,同心修补。

真率亭,林叔臧经常和宾客在这座背山临水的亭中促膝畅谈,他认为评山品水,见仁见智,应该直抒情怀,达到“真诚坦率,胸无芥蒂”的境界,故以“真率”命名。

十二洞天,又称“迷魂洞”、“猴洞”。这座用紫红、棕赤色的砂岩、亘岩、砾岩、火山流纹岩筑成的假山洞,有12个洞室,分别以地支子、丑、寅、卯、辰、巳、午、未、申、酉、戌、亥编列。园主采用“洞天福地”中的“洞天”,称为“十二洞天”,又象征十二生肖的数目。那一间间小洞室,藏在奇形怪状的岩石里,扑朔迷离,曲折互通,似乎进入一个走不到尽头、走不出山口的地下洞穴世界。

亦爱吾庐,原为林叔臧居住的院子,他十分仰慕陶渊明,时常与好友唱和陶渊明的诗句:“众鸟欣有托,吾亦爱吾庐;既耕亦已种,时还读我书。”便把自己居住的院子称作“亦爱吾庐”。这里当年用竹篱围住,种植各种菊花,称“菊畦”。林叔臧仿效陶渊明也有“菊癖”,每当秋高气爽、菊花盛开之际,他即在此举行菊展宴会,广泛征求诗作,并成立菽庄诗社,刊行《菽庄丛书》六种,《菽庄丛刻》八种,这也是厦门文坛的一段佳话,可谓“有襟海枕山胜概,以栽花种竹怡情”。

小兰亭,于1924年农历甲子年3月3日落成,园主人效东晋王羲之等人兰亭修禊故事,临水为祭,吟诗作赋,并在国内广征贤文,后来集中佳作,出版了《菽庄小兰亭征文录》。征文中写道:“纳山海之景于一园,集园中之胜于一亭。”

顽石山房，这是林叔臧的书房，取意于“顽石点头”的典故。他自比“顽石”，以此勉人励己：做学问要锲而不舍，持之以恒，才能水到渠成，有所成就。叔臧晚年自号“百忍老人”，他的著作即取名为《顽石山房焚余稿》。

漫步菽庄，知道主人已于1951年逝去，人逝景在，很难再与他交流，但他留下的匾额、联对却使人潸然。主景藏海园、补山园，隐含山河破碎，虽缺回天之力，但不失修补之志；尽管有痛失国土之悲，但不乏藏海之宽襟。他是想把山河揽入怀抱，切莫任人宰割，但是政局腐败，他只能效东坡之举，在壬秋阁中“把酒问青天”；仿渊明之劳，在亦爱吾庐中，收敛心志，“既耕亦已种，时还读我书”。不过他是有见识的，“横江鹤去箫声在，未信消沉八百年”，当他处弥留之际时，终于盼来东方的曙光，于是献园于民，安然逝去。可以告慰先生的是，中华奋起，倭寇已驱，海峡两岸的团圆也是指日可待了。

（二）岭南文人名园——梁园（佛山）

岭南园林以珠江三角洲为中心，包括广东、福建、台湾等地理环境与生活风俗相近的地区，在园林的总体布局、空间组织、水面运用和花木配置等方面，都有其独特的风格与技巧。

岭南园林一般规模较小，多为与住宅结合一体的宅园，通常是建筑与自然环境紧密结合。庭中喜欢用水点缀山石花卉，以植物、山石、小品等园林材料构建庭园空间景观。岭南园林虽然在建筑的艺术造型上不如苏州园林那样轻巧，也不像北方园林那样平稳持重，但在运用植物材料造景上却独树一帜，创造出人与自然和谐共处的境界。

岭南园林还善于融会中西文化，博采众长，为我所用，使其不失地方特色，又富有现代感，这是其他园林所不能企及的。

梁园位于佛山松风路先锋古道，是省重点文物保护单位。佛山梁园是广东四大名园之一，比起东莞可园、顺德清晖园，它是更典型的岭南私家园林。宅第、祠堂与园林浑然一体，是其显著特色；“群星草堂”的厅堂建筑充分展示岭南园林华丽的本色。此园还保留了“九宫格”等很古老的文化信息，其风水形势在民间一族一姓也得来不易；高大的“随墙门”，其实是岭南“围村”的缩影，具有“广府”民居的明显特征。

梁园是佛山梁氏宅园的总称，由“十二石斋”、“群星草堂”、“汾江草庐”、“寒香馆”等几处相邻的宅园合成。可园、清晖园在每个具体时代，基本是由一个园主按照一个统一的意志营造的，梁园则不同，是文人士大夫梁蔼如、梁九章、梁九华、梁九图叔侄四人“各自为政”，于清代嘉庆、道光年间（公元1796～1850年）前后50年间，陆续营建起来的。由于经济实力有别，个人兴趣爱好有别，又处于不同时代，因此主导思想不一，意境互异，于是就更显丰富多彩。比起江南古典园林甚至可园等岭南园林，其特点之一是宅第、祠堂与园林浑然一体；特点之二是和清晖园等岭南其他名园一样，建有“水庭”；特点之三是拥有各处相对独立的宅园，更“原真”地反映出岭南文人士大夫的经济状况、生活情形和文化修养、艺术造诣，游览其间，别有一种历史沧桑感。

首先看该园的风水及家庙。在聚族而居的古代社会，家庙是名门望族的基本设施，岭南古村落尤其注重家庙，大的氏族除大宗祠堂还有分支祠堂。现在我们进入“刺史家庙”，这是梁氏叔侄及后人共同的宗族建筑。这组建筑坐南朝北，东邻宅第，西接花园，在“二道门”里，是园里最宏大的建筑。由于要符合纪念建筑的功能需要，大门、正屋均采用五脊硬山顶形式，正脊、垂脊都很高大，正脊上有精美的灰塑，内容是松鹤延年等图案；檐柱为石质，而且不加雕饰，只刻画简洁的线条装饰。柱础为高高的宝瓶形状，与北方官式建筑覆盆式柱础迥异。有人担心这种结构极不利于抗震，但利于避雨防朽，这与岭南地区地震少、降雨多的客观条件相适应。按风水原理，家庙所处的位置应是风水上的“明堂”位。这座家庙是坐南朝北、大门北向的格局，梁氏家族是以位于宅第西南的五峰山为风水上的“祖山”，而以北面的汾江为“玉带”，既面山，又得水，得来不易，且与这一带南高北低的地势相符合。

其次看该园的家族与诸园。梁园创始人、长辈梁蔼如是进士，官至内阁中书（中央政府机关处级官员），梁园大门张“部曹第”榜，盖源于此。“部曹”指中央政府机关官员。此人不仅有经邦治国之才，而且素质极高，工诗文、善书画，尤其是德行好，天性淡泊，不恋功名。辞官归故里后，在当时的松桂里筑“无怠懈斋”，斋名反映了主人虽辞官回乡，但仍以精忠报国为念，不敢懈怠。其侄梁九章，嘉庆二十一年（公元1816年）举人，选调国史馆誊录，后来官至四川知州（州长）。州官在唐代称“刺史”，“刺史家庙”可能由此人建造。九章也和叔父一样，工书画，尤善画梅，还喜收藏。道光年间在当时的西贤里筑“寒香馆”，馆名显然取其酷爱的梅花。梁九图10岁能诗，生性恬淡，不乐仕途，喜欢游历，善画兰，先后在松桂里叔父“无怠懈斋”旁建起“十二石斋”，在先锋古道建起“汾江草庐”，这些斋、庐又是他不喜官场、志在优游的性格写照。梁九华自幼聪明善文，曾任大理寺主事（处级官员）、礼部主事，生平喜欢书画，晚年爱石成癖，于先锋古道其弟九图的

“汾江草庐”旁辟“群星草堂”，以奇石环列左右，兄弟二人日相品题。

梁氏家族繁盛达170年，出现过书画家、文学家、民主革命志士及工商业巨子，除上述人士之外，还有“戊戌变法”运动中“公车上书”上签名的举子梁冠澄、梁禹甸；参与刺杀慈禧太后的戊戌志士梁尔煦；中共早期党员、被誉为佛山“文胆”的梁敬熙；时论家梁厚甫及香港银行家梁森、实业家梁知行。一家人经商能致富，入仕能治国，从艺能书画，可谓群贤辈出，一族雄姿英才。

民国初年起，梁氏诸园开始衰败，至1982年佛山市政府对遗存的“群星草堂”建筑群抢险保护，1990年被宣布为“广东省文物保护单位”，接着制定总体规划，开始了大规模的全面修复，全园面积已达21 260平方米。除“群星草堂”外，又修复了“汾江草庐”宅园的石舫、湖心石、韵桥、水榭及这些景点所在的广大湖池水域。现在，该园已建成为“佛山市梁园博物馆”。

进梁园该细看，因该园无处不有历史文化内涵。

九宫格。由大门进园，路南首先是三路三进庭院的梁氏宅第。这是古代建筑常用的“九宫格”平面布局，由古代经典中记载的“明堂”九室放大而来，明堂九室则是由上古“井田”演化而来，北京故宫前三殿、后三宫、东西六宫的基本平面布局，都是九宫格。梁园虽是民间建筑，也沿袭了这一古老的传统布局，三纵三横，布局规矩严整，所以说，此处保留和传达了很古老的文化信息。此处每栋房屋都是青砖墙壁，四樘隔扇门，质朴无华，表明主人的敦厚。正房高度很高，有利于避暑；天井狭小，可安全隐秘；大门开在高墙之下，如同北方的“随墙门”，其实是岭南“围村”的缩影，这些都是“广（州）府”民居的特色。其布局精妙，宅第、祠堂与园林浑然一体，岭南式庭园空间变化迭出，格调高雅；造园组景不拘一格，追求雅淡自然、如诗如画的田园风韵；富于地方特色的园林建筑式式俱备、轻盈通透。

奇石群星。穿过游廊形式的“二道门”，过了家庙便是“群星草堂”。“二道门”门口正中是太湖石大影壁。这是古典园林常用的形式，意在避免直来直去，增加曲折感和深邃度。群星草堂园主梁九华爱石成癖，园内广置奇石。中国古代包括明清时代，以石代表星辰，如在北京天坛祈年殿东，明代嘉靖皇帝置七石象征北斗七星。此园“群星”应指众奇石，所以其精华在“石庭”景点。这些奇石来历奇特，身份各异，颇值玩味。有来自江南太湖的太湖石，以瘦、皱、漏、透为尚；有来自安徽灵璧县的灵璧石，除形象灵透外，用手指轻轻叩击，还能发出清脆的金石声，古代乐器编钟多用它制造；当然更有来自临近的本省英德县的英石，状若风扫刀削，锋芒毕露。园内果木成荫、繁花似锦，加上曲水回环、松堤柳岸，形成特有的岭南水乡韵味；尤以大小奇石之千姿百态、设置组合之巧妙脱俗而独树一帜。

华丽本色。如果说家庙、宅第基本沿用岭南民居质朴、实用的风格，那么群星草堂的厅堂建筑则充分展示岭南园林华丽的本色。此区建筑由多进庭院的草堂、客堂、秋爽斋、船厅三面相连构成。草堂各进厅堂门扇高大，隔扇饰花框、髹金漆、安装各色玻璃，上方门楣饰吉祥图案、髹金漆；门厅装雕花花罩、髹金漆。而为防雨水多、湿度大、木材易朽，檐柱均采用石制，柱础作宝瓶形式，亭亭玉立。各进厅堂隔扇开合自由，打开则各厅连贯,合上则自成一体,体现了中国建筑使用空间多功能、自主变幻的特点。厅堂外为回廊,曲折宛转,既美化环境,便于人们雨中通行,又遮阳防晒,利于室内防暑降温。

此区域分别以石庭、山庭、水庭为特色,移步换景,引人入胜。西端的“船厅”是一处书房精舍,窗户均为抹角长方形,厅内的感觉确如船舱。舷窗窗扇安装着红、黄等色玻璃,格调雅致又华丽。厅内置硬木大理石面的几、案、台、桌,巧藏历代书法家法帖,文风雅意极浓。落座此间,遥望湖池假山、茂林修竹,倾听清风徐来、林籁结响,不禁生出“文情清如林间竹,琴韵远自天外响”的诗情画意。

碧水绕家园。园西部为大面积的湖水,湖面约占梁园一半的面积,湖水萦回,奇石巧布。湖水中央为“湖心石”小岛礁,沿岸点缀石舫等景观,西以韵桥分割。湖水东行渐狭,一支进入船厅水庭。二道门里的水榭“荷香小榭”,四面开敞,卷棚顶,檐柱、额枋间饰花罩,雕荷叶、荷花等图案。小榭三面环水,水中植荷,堤上植柳,荷风蕙露,丹桂飘香。小榭对岸小径再北仍为水塘,塘北为“松竹寮”黄竹林,林中浓荫如水,苔痕遍地,清幽寂静。时时花香,在在美景,一派迷人景象。

集古代建筑、园林、木雕、灰塑、书画艺术于一园。古今名人楹联、匾额琳琅满目,名木古树穿插其间,四时不谢之花、八节常青之草互相掩映。由于地处岭南,荟萃许多珍贵的花木,玉堂春(木兰)花大如碗,晶莹若玉,白蕾点点,芳香四溢。醉紫藤、龙眼、银杏、九里香、米兰、佛肚竹,或填于庭前,或长于水畔,让你步移景换,心旷神怡。

参考文献

1. 张家骥. 园冶全释——世界最古造园学名著研究. 太原:山西人民出版社,1993 年 6 月

2. 陈从周. 园林谈从. 上海:上海文化出版社,1980 年 9 月

3. 冯钟平. 中国园林建筑. 北京:清华大学出版社,1988 年 5 月

4. 周瘦鹃. 苏州游踪. 南京:金陵书画社出版,1981 年 4 月

5. 乔修业. 旅游美学. 天津:南开大学出版社,1990 年 4 月

6. 陈书禄. 江苏文化概观. 南京:南京师范大学出版社,1998 年 3 月

7. 朱希祥. 中西方旅游文化审美比较. 上海:华东师范大学出版社,1998 年 6 月

8. 葛晓音. 中国名胜与历史文化. 北京:北京大学出版社,1999 年 1 月

9. 谢贵安 华国梁. 旅游文化学. 北京:高等教育出版社,1999 年 6 月

10. 潘宝明. 导游业务. 北京:中国商业出版社,2002 年 8 月

11. 潘宝明. 中国旅游文化. 北京:中国旅游出版社,2005 年 1 月

12. 孙宅峻. 华东之旅. 广州:广东旅游出版社,2000 年 7 月

13. 喻学才. 旅游文化. 北京:中国林业出版社,2002 年 4 月

14. 喻学才. 中国旅游文化传统. 南京:东南大学出版社,1995 年 9 月

15. 金学智. 中国园林美学. 北京:中国建筑工业出版社,2005 年 8 月

16. 冯天瑜 周积明. 中国古文化的奥秘. 武汉:湖北人民出版社,1987 年 12 月

17. 江苏市地方志编纂委员会. 苏州市志. 南京:江苏人民出版社,1995 年 1 月

18. 江苏省旅游局. 走遍江苏:江苏景点景区导游词精选编. 北京:中国林业出版社,1997 年 7 月